“十三五”国家重点图书出版规划项目

智能制造与机器人理论及技术研究丛书

总主编 丁 汉 孙容磊

增材制造设备部件与应用

周宏甫◎著

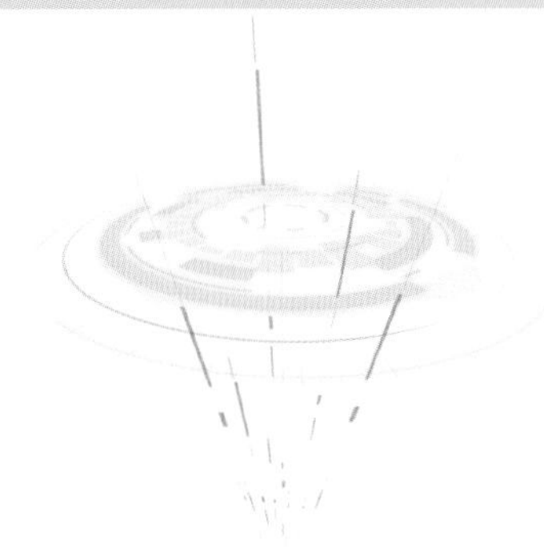

ZENGCAI ZHIZAO SHEBEI
BUJIAN YU YINGYONG

http://press.hust.edu.cn
中国·武汉

内 容 简 介

本书首先概述了增材制造技术和增材制造工艺，包括液态光敏聚合物选择性固化(SLA)、分层实体制造(LOM)、选择性烧结(SLS)、熔融沉积成型(FDM)、选择性激光熔融(SLM)、三维打印(3DP)、电子束熔融(EBM)、激光熔覆成形(LCF)；然后介绍了增材制造设备的关键部件，包括支撑部件、打印头部件、实体切片分层与封闭路径填充算法部件、激光振镜扫描系统部件、坐标运动部件、预热控制部件；最后介绍了增材制造材料，增材制造在工业上、医学上的应用，以及生物组织结构的 3D 打印设备。

本书可作为学生学习增材制造和快速成型课程的教材和参考书，也可作为从事增材制造技术相关行业的研究人员和工程师的参考书。

图书在版编目(CIP)数据

增材制造设备部件与应用/周宏甫著. —武汉：华中科技大学出版社，2022.12
(智能制造与机器人理论及技术研究丛书)
ISBN 978-7-5680-8907-4

Ⅰ.①增… Ⅱ.①周… Ⅲ.①零部件-快速成型技术-研究 Ⅳ.①TB4

中国版本图书馆 CIP 数据核字(2022)第 238097 号

增材制造设备部件与应用
Zengcai Zhizao Shebei Bujian yu Yingyong
周宏甫 著

策划编辑：俞道凯 胡周昊
责任编辑：李梦阳
封面设计：原色设计
责任监印：周治超
出版发行：华中科技大学出版社(中国·武汉) 电话：(027)81321913
武汉市东湖新技术开发区华工科技园 邮编：430223
录 排：武汉市洪山区佳年华文印部
印 刷：湖北新华印务有限公司
开 本：710mm×1000mm 1/16
印 张：13 插页：4
字 数：228 千字
版 次：2022 年 12 月第 1 版第 1 次印刷
定 价：128.00 元

智能制造与机器人理论及技术研究丛书

作者简介

周宏甫　博士，博士后，华南理工大学教授，印度理工学院德里分校教授。先后在广州城市理工学院、印度理工学院德里分校、新加坡南洋理工大学、新加坡国立大学、香港理工大学和武汉科技大学工作。共发表论文和专利100余篇，出版著作5本，合作发表美国专利1个和欧洲专利1个。

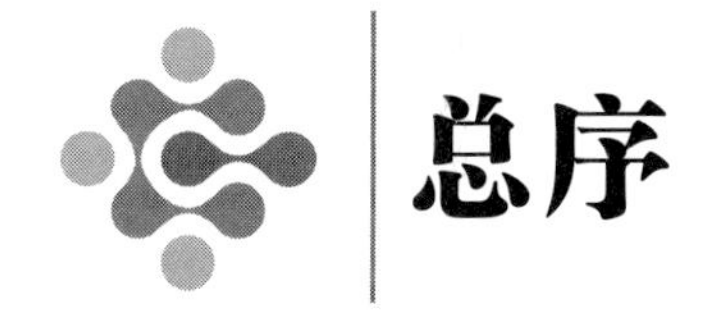

总序

近年来,“智能制造+共融机器人”特别引人瞩目,呈现出“万物感知、万物互联、万物智能”的时代特征。智能制造与共融机器人产业将成为优先发展的战略性新兴产业,也是“中国制造2049”创新驱动发展的巨大引擎。值得注意的是,智能汽车与无人机、水下机器人等一起所形成的规模宏大的共融机器人产业,将是今后30年各国争夺的战略高地,并将对世界经济发展、社会进步、战争形态产生重大影响。与之相关的制造科学和机器人学属于综合性学科,是联系和涵盖物质科学、信息科学、生命科学的大科学。与其他工程科学、技术科学一样,制造科学、机器人学也是将认识世界和改造世界融合为一体的大科学。20世纪中叶,*Cybernetics* 与 *Engineering Cybernetics* 等专著的发表开创了工程科学的新纪元。21世纪以来,制造科学、机器人学和人工智能等领域异常活跃,影响深远,是“智能制造+共融机器人”原始创新的源泉。

华中科技大学出版社紧跟时代潮流,瞄准智能制造和机器人的科技前沿,组织策划了本套“智能制造与机器人理论及技术研究丛书”。丛书涉及的内容十分广泛。热烈欢迎各位专家从不同的视野、不同的角度、不同的领域著书立说。选题要点包括但不限于:智能制造的各个环节,如研究、开发、设计、加工、成形和装配等;智能制造的各个学科领域,如智能控制、智能感知、智能装备、智能系统、智能物流和智能自动化等;各类机器人,如工业机器人、服务机器人、极端机器人、海陆空机器人、仿生/类生/拟人机器人、软体机器人和微纳机器人等的发展和应用;与机器人学有关的机构学与力学、机动性与操作性、运动规划与运动控制、智能驾驶与智能网联、人机交互与人机共融等;人工智能、认知科学、大数据、云制造、物联网和互联网等。

本套丛书将成为有关领域专家、学者学术交流与合作的平台,青年科学家茁壮成长的园地,科学家展示研究成果的国际舞台。华中科技大学出版社将与施普林格(Springer)出版集团等国际学术出版机构一起,针对本套丛书进行全球联合出版发行,同时该社也与有关国际学术会议、国际学术期刊建立了密切联系,为提升本套丛书的学术水平和实用价值,扩大丛书的国际影响营造了良好的学术生态环境。

近年来,高校师生、各领域专家和科技工作者等各界人士对智能制造和机器人的热情与日俱增。这套丛书将成为有关领域专家学者、高校师生与工程技术人员之间的纽带,增强作者与读者之间的联系,加快发现知识、传授知识、增长知识和更新知识的进程,为经济建设、社会进步、科技发展做出贡献。

最后,衷心感谢为本套丛书做出贡献的作者和读者,感谢他们为创新驱动发展增添正能量、聚集正能量、发挥正能量。感谢华中科技大学出版社相关人员在组织、策划过程中的辛勤劳动。

华中科技大学教授

中国科学院院士

熊有伦

2017 年 9 月

前言

机械制造分为减法制造和加法制造。减法制造是切除材料，如车削、铣削。而加法制造就是我们所说的增材制造。与传统的材料去除技术不同，增材制造技术是一种材料累加制造技术。增材制造是一个形象化的术语，过去称为快速原型和3D打印。增材制造技术采用材料累加法，直接从CAD模型快速制造3D复杂形状实物。该技术将CAD模型分解成一系列具有有限厚度的二维横截面，将这些横截面数据输入增材制造设备，一层一层地制造出来并将它们叠加在一起，形成3D实体。增材制造技术是在20世纪80年代后期发展起来的快速制造技术。

增材制造技术涉及激光技术、CAD技术和切片技术、材料技术、数控技术、电机驱动技术等多种复杂的机械电子技术。增材制造技术经过多年的发展，已经较为成熟。而增材制造设备部件的设计与制造技术是增材制造技术普及的关键，掌握了增材制造设备部件的关键技术，就能加快增材制造技术的推广与应用。

本书首先概述了增材制造技术和增材制造工艺，包括液态光敏聚合物选择性固化(SLA)、分层实体制造(LOM)、选择性烧结(SLS)、熔融沉积成型(FDM)、选择性激光熔融(SLM)、三维打印(3DP)、电子束熔融(EBM)、激光熔覆成形(LCF)；然后介绍了增材制造设备的关键部件，包括支撑部件、打印头部件、实体切片分层与封闭路径填充算法部件、激光振镜扫描系统部件、坐标运动部件、预热控制部件；最后介绍了增材制造材料，增材制造在工业上、医学上的应用，以及生物组织结构的3D打印设备。

本书一部分内容来源于2008年至2011年作者在香港理工大学工业中心（快速成型中心）的工作成果，另一部分内容来源于作者在新加坡南洋理工大学增材制造中心（Singapore Centre for 3D Printing）的研究成果。感谢新加坡南洋理工大学增材制造中心的W. Y. Yeong教授、香港理工大学工业中心主任R. Tam博士、印度理工学院P. V. Rao教授的支持。

本书涉及的专业范围很广，限于作者水平，书中难免存在不足与疏漏之处，恳请读者批评指正。

作　者

2022年1月

目录

第 1 章 增材制造技术概述

1.1 增材制造技术的基本原理

增材制造(additive manufacturing,AM)技术，或称快速成型(rapid prototyping,RP)技术，或称快速原型技术，或称 3D 打印技术，是与传统工件逐渐减少的切削方法不同的一种增长制造技术。

增材制造技术是 20 世纪 80 年代后期发展起来的。该技术是一种从计算机辅助设计(computer aided design,CAD)模型直接快速制造复杂形状三维模型或成型件的技术。该技术采用材料累加法，用特定的工艺，如选择性激光烧结(selective laser sintering,SLS)、选择性激光熔融(selective laser melting,SLM)等，生成与 CAD 模型切片形状一致的薄片，这一过程重复进行，逐层累加，最后生长出三维实体。

增材制造技术涉及激光技术、CAD 技术、高分子材料技术、检测传感器技术、数控技术等多种技术。增材制造技术经过多年的发展，形成了多种较为成熟的增材制造工艺，包括 SLS、液态光敏聚合物选择性固化(stereo lithography apparatus,SLA)、分层实体制造(laminated object manufacturing,LOM)、熔融沉积成型(fused deposition modeling,FDM)、选择性激光熔融(selective laser melting,SLM)、三维打印(3D printing,3DP)等。

增材制造技术的特点如下。

(1) 可以制造任意形状复杂的三维实体。产品的加工精度与切片的厚度有关，切片越薄，加工出的实体在精度上就越接近 CAD 模型。

(2) 增材制造技术可以加工用传统的制造方法难以制造的零件。传统的制造方法是将毛坯不需要的地方切除掉的减法加工，或者采用模具，把金属或者其他材料熔化灌进去来得到零件。传统的制造方法对复杂零件的加工比较困难，而增材制造技术适用于任意复杂的三维实体的制造。

(3) 适用于新产品的快速开发。由于增材制造技术是一种零件的净成型方法,其减少了制造过程中多余的辅助加工、缩短了产品生产周期、降低了成本、提高了产品利润率。

(4) 再制造。可以对某些磨损零件进行再制造,如飞机发动机叶片维修中采用增材制造技术的再制造。

(5) 柔性高。增材制造技术无须任何专用夹具或工具。

(6) 适用于小批量生产。

增材制造过程是从虚拟的原型到实际的物理模型的过程。增材制造过程包含以下 5 个步骤。

步骤 1:三维实体的 CAD 建模。

步骤 2:将 CAD 文件转换成 STL(stereolithography)文件。

步骤 3:将 STL 文件下载到增材制造设备。

步骤 4:增材制造加工。

步骤 5:后处理。

事实上,目前增材制造技术没有在主流生产中得到应用,还有很多地方需要改进。例如,加工后要进行精加工处理、修整处理等;SLM 工艺在减少气孔、改进微观结构和减小残余应力等方面,需要不断改善。

1.2 增材制造过程

增材制造过程主要包括增材制造的前处理、增材制造的加工过程和增材制造的后处理。

1.2.1 增材制造的前处理

首先将三维实体模型用多面体模型逼近,如图 1-1 所示。该操作是将三维实体模型转化为 STL 的多面体模型。

对 STL 的多面体模型进行切片分层处理,得到每一层的截面图形轮廓数据,如图 1-2 所示。

1.2.2 增材制造的加工过程

增材制造的加工过程是指用增材制造设备将三维实体模型一层一层地加工出来。图 1-3 所示为叶轮的增材制造的加工过程。图 1-4 所示为髋关节球杯的增材制造的加工过程。图 1-5 所示为连杆的增材制造的加工过程。图 1-6 所

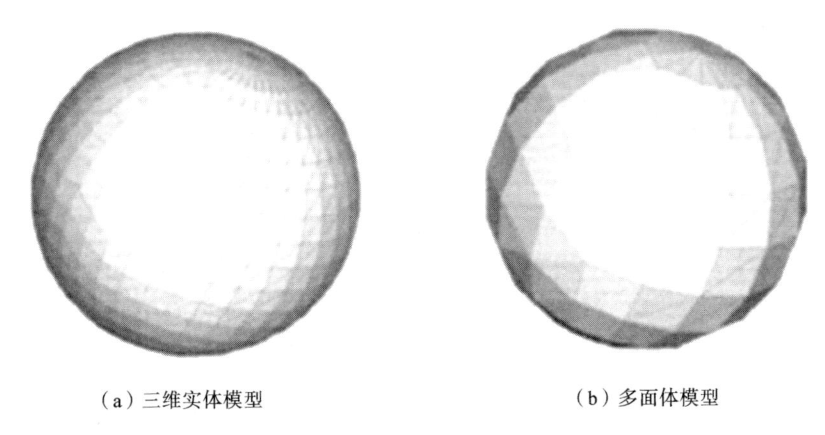

（a）三维实体模型　　（b）多面体模型

图 1-1　三维实体模型的近似处理

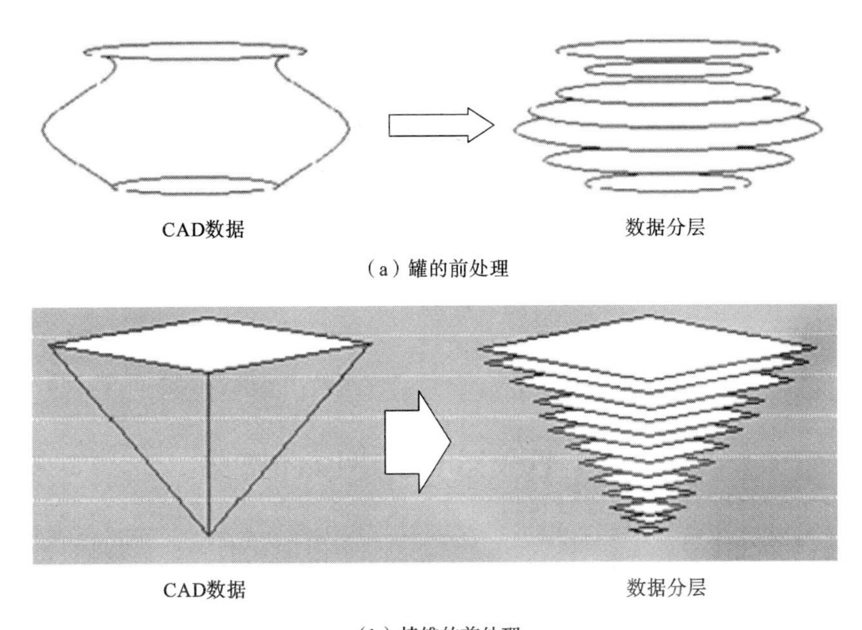

（a）罐的前处理

（b）棱锥的前处理

图 1-2　三维实体模型的前处理

示为花瓶的增材制造的加工过程。根据不同的加工方法，增材制造的加工过程对应不同的增材制造设备。

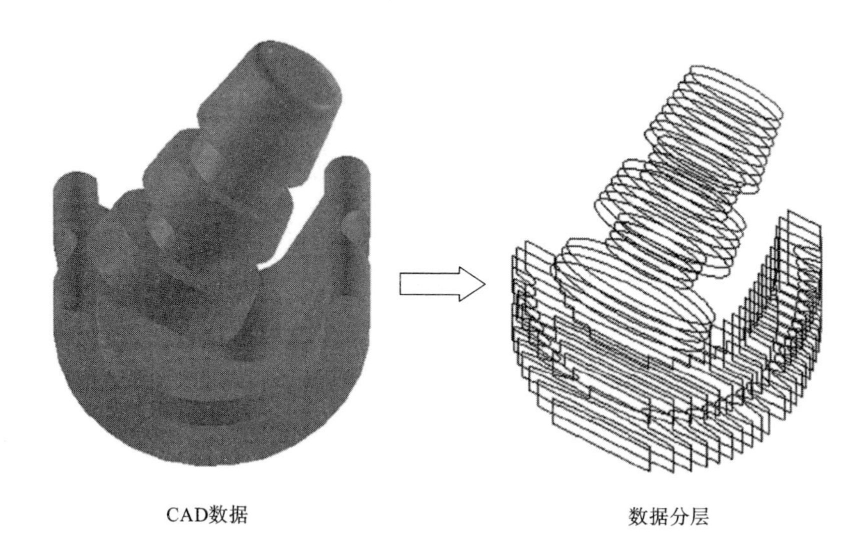

（c）把柄的前处理

续图 1-2

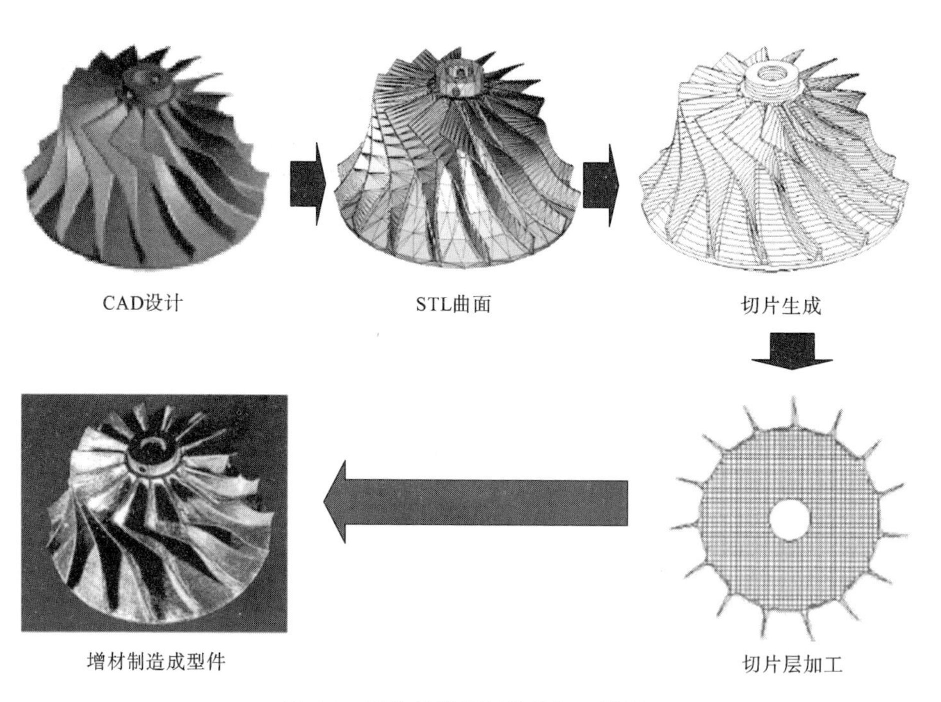

图 1-3　叶轮的增材制造的加工过程

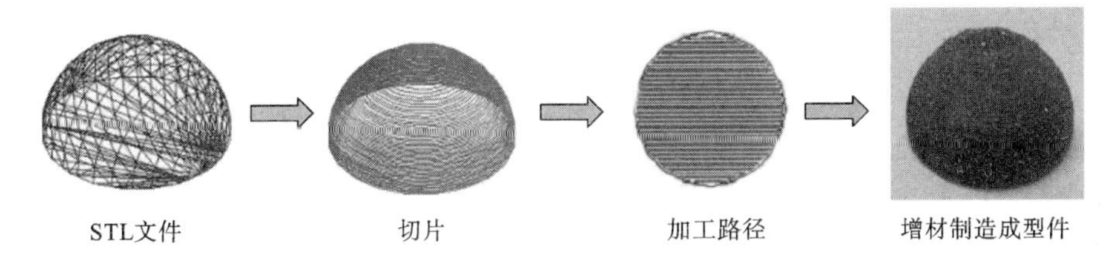

图 1-4　髋关节球杯的增材制造的加工过程

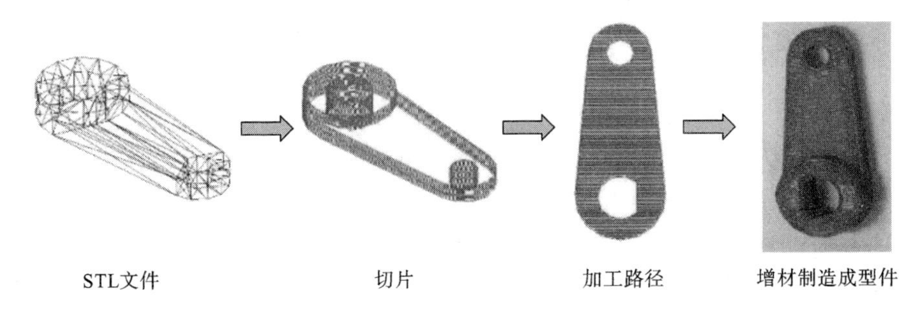

图 1-5　连杆的增材制造的加工过程

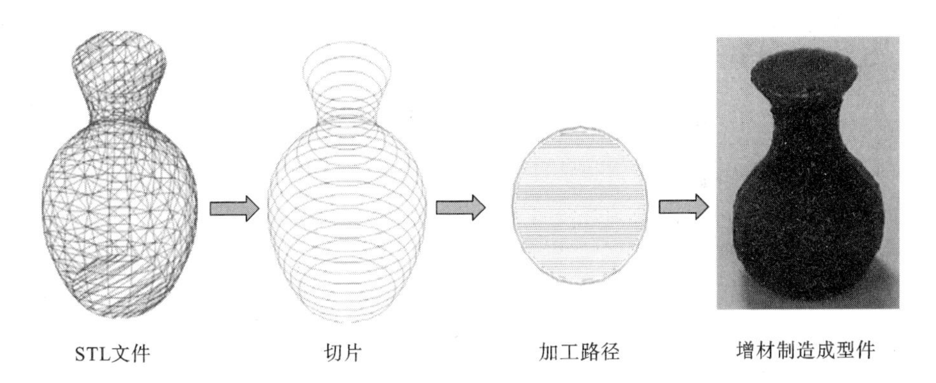

图 1-6　花瓶的增材制造的加工过程

1.2.3　增材制造的后处理

增材制造的后处理是增材制造过程的最后一个阶段，是指将成型件从其支撑材料中分离出来，对成型件进行表面处理，去除支撑部分，使成型件的精度、表面粗糙度等达到要求，并完成产品的制造。

1. 去除水溶性支撑材料的后处理

水溶性支撑材料在水中的冲洗过程如图 1-7 所示。

图 1-7　水溶性支撑材料在水中的冲洗过程

2. 分层实体制造的后处理

进行分层实体制造后，成型件轮廓以外的部分用激光剪切成小碎片，以便成型件制作完毕之后移走，再将多余的废料小块用手工剔除，最终获得三维实体产品，如图 1-8 所示。

3. 熔融沉积成型的后处理

熔融沉积成型的后处理主要是指对成型件进行表面处理，去除支撑，通过修复使成型件的精度、表面粗糙度等达到要求。操作时成型件部分复杂的细微结构的支撑很难去除，在处理过程中会出现成型件表面损坏的情况，成型件的表面质量受到影响。成型件的后处理仍然是一个复杂的过程，为了方便移走支撑，1999 年 Stratasys 公司开发出水溶性支撑材料。

熔融沉积成型所用的材料多为工程塑料，由于冷却效应，其表面粗糙度较大，加之丝状堆积带来的基体材质的“各向异性”，成型件的打磨、抛光等表面处理困难。一般先对成型件的基体进行增强处理，再对成型件的表面进行涂覆及抛光。主要步骤如下。

(1) 增强处理。采用熔融沉积成型工艺制作的成型件的支撑通常与成型件存在接触面，去除支撑后，成型件表面丝材松散，甚至脱离基体，在进行表面处

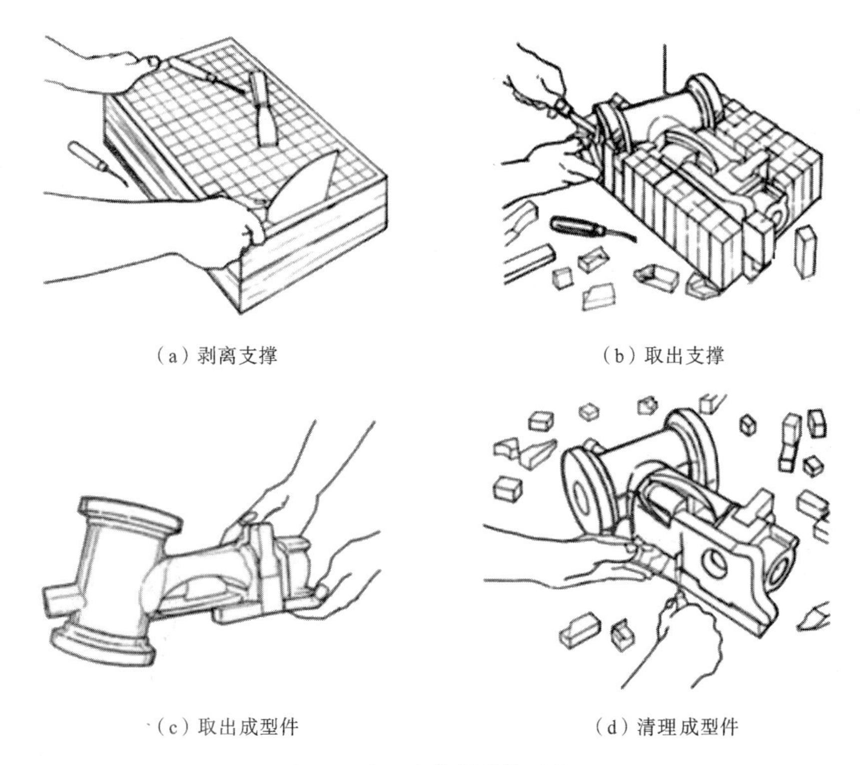

(a) 剥离支撑　　(b) 取出支撑

(c) 取出成型件　　(d) 清理成型件

图 1-8　分层实体制造的后处理

理前,可喷涂一层增强剂,主要目的是填充成型件表面的台阶及微细丝材间隙。

(2) 表面涂覆。例如,用二甲苯稀释后的硝基底漆喷涂成型件表面。

(3) 表面抛光。用水磨砂纸打磨成型件表面,直至其表面无明显划痕。

1.3　增材制造技术的典型应用

增材制造技术首先应用在新产品的开发上,从增材制造技术的提出开始,各种增材制造的原型机先后被发明并用于产品开发。

增材制造技术在医学上得到广泛应用。在人体解剖教育和外科培训领域,采用 3D 打印代替尸体解剖。例如,用 Polyjet 打印机制造多色多材料解剖模型,节省成本。3D 打印模型广泛用于制造患者特定的解剖模型。

增材制造加工产品的 3 个应用层次如下。

(1) 整个产品的增材制造,反映了产品的大部分特征,包括产品的外形和功能。

(2) 审美制造,没有功能,产品只考虑审美和人为因素。

(3) 功能制造,用于产品的测试和研究开发。

增材制造设备的操作软件需要进一步优化,软件质量直接导致了现在用增材制造设备加工出来的零件的成型精度和表面质量大多无法满足项目需求,因而无法直接使用。

打印头是增材制造设备的关键组成部分。打印头是影响产品质量和精度的最直接的部件。

1.3.1 SLA 的应用

1. SLA 成型件的主要应用

(1) 用树脂直接制作的各种功能件,用于各种中小型零件的结构验证和功能测试。

(2) 可快速翻制各种模具,如硅橡胶模、金属冷喷模、陶瓷模、电铸模、环氧树脂模、气化模等。

(3) 代替熔模精密铸造中的消失模用来铸造金属零件。

(4) 用于概念模型的原型制作、装配检验和工艺规划,主要应用于汽车、医学等领域。可代替蜡模制作浇注模具,也可作为金属喷涂模、环氧树脂模和其他软模的母模。制作熔模精密铸造中的蜡模时,应满足铸造工艺中对蜡模的性能要求,即尺寸精度和表面粗糙度等的要求。

2. SLA 的优点

(1) 激光通过聚焦,光斑直径小于 0.15 mm。

(2) 尺寸精度高,可成型精细结构,如浮雕等。

(3) 原材料的利用率接近 100%。

(4) 可以制作结构复杂的零件,如多孔空心零件

(5) 后处理简单。

3. SLA 的缺点

(1) 成型过程中伴随着物理和化学变化,成型件易弯曲,需要支撑和二次固化等后处理。

(2) 可使用的光敏树脂材料种类较少。

(3) 液态树脂对环境有污染,可使皮肤过敏,放置时需要避光保护,以防提前发生聚合反应。

4. SLS与SLA的比较

1）材料特性

（1）SLA的材料采用光敏聚合物，材料具有脆性。

（2）SLS的材料采用聚合物粉末、金属粉末，烧结时其热塑性较高。

2）表面精度

（1）SLS成型件的表面多为粉末状颗粒，粉末状颗粒是熔结，没有完全融化。

（2）SLA成型件的表面比SLS成型件的表面光洁。

（3）SLS没有烧结的材料可以处理后再用。

（4）SLA的加工精度较高。

3）尺寸精度

（1）SLA加工后尺寸精度较高；SLS加工后由于温度因素产生残余应力，尺寸精度不高。

（2）SLS和SLA在Z向都有误差，但SLS的Z向误差是很难预测的，因此SLS加工中的材料参数与过程参数很难预测。

（3）SLS加工与温度有关，过高的温度产生过多的融化，Z向厚度参数也影响Z向的加工不准确性。

（4）SLA加工液体层的厚度因流体流动而不准确，导致Z向深度不准确，SLS没有因流体流动而引起的深度变化问题。

4）加工特性

（1）SLA的材料加工时易碎、易破。

（2）SLS的材料是热塑性材料，易加工。

5）支撑

（1）SLA加工需要支撑。

（2）SLS加工不需要支撑，未烧结的周边粉末起支撑作用。

1.3.2 LOM的应用

LOM适用于产品概念设计的建模和功能性测试，其应用实例如图1-9所示。由于LOM技术多使用纸材，制成的零件具有木质属性，因此其特别适用于直接制作砂型铸造模。LOM技术在产品概念设计可视化、造型设计评估、装配检验、熔模铸造型芯、砂型铸造木模、快速制模及直接制模等方面得到了应用。

1. LOM的优点

（1）成型速度快。使用激光光束沿物体的轮廓进行切割扫描，而不用对整

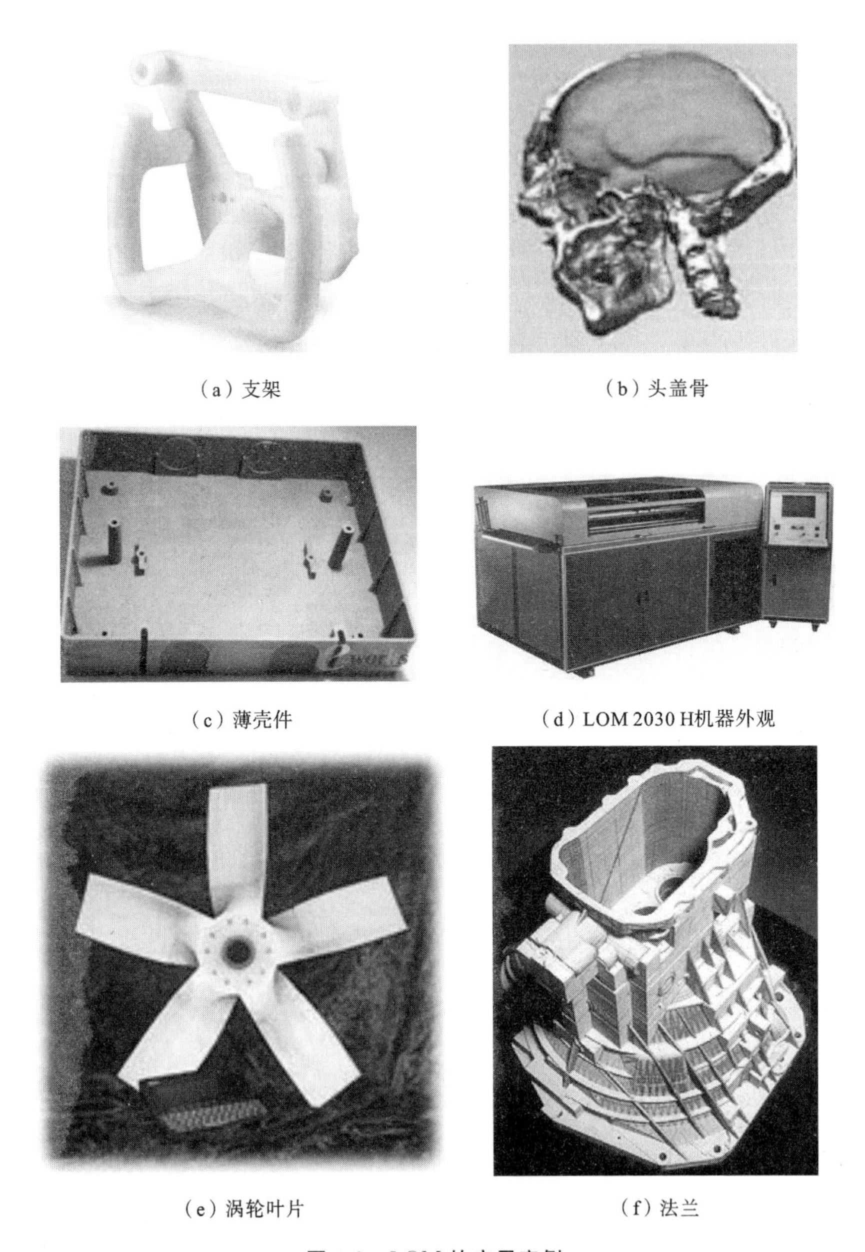

图 1-9　LOM 的应用实例

个断面进行扫描，因此成型速度快，易于制造大型零件。

（2）成型精度高，翘曲变形小。成型过程中材料不发生相变，没有热应力，不发生膨胀和收缩，不易产生翘曲变形。

(3) 成型件能承受较高的温度,有较高的硬度和较好的力学性能。

(4) 不需要支撑。这是因为成型件外框与截面轮廓之间的多余材料在加工中起到了支撑作用

(5) 废料易剥离,无须后固化处理。

(6) 原材料便宜,成型件制作成本低。

2. LOM的缺点

(1) 成型件的抗拉强度和弹性不够高。

(2) 成型件易吸湿膨胀,成型后应尽快进行表面防潮处理。

(3) 成型件表面有台阶纹理,难以制作精细、曲面多的零件,因此,成型后需进行表面打磨。

(4) 材料浪费严重,表面质量差。

(5) 清理废料较困难。

1.3.3 SLS的应用

SLS与SLM都属于激光粉末床融合烧结的范畴。激光粉末床融合烧结是对聚合物粉末或金属粉末进行烧结打印。SLM是对金属粉末进行烧结打印,而SLS既可对金属粉末进行烧结打印,又可对热塑性粉末进行烧结打印。

SLM是在SLS的基础上发展起来的,二者的基本原理类似。首先在计算机上设计出零件的三维CAD模型,然后对该模型进行切片分层,得到各截面的轮廓尺寸数据,将切片分层数据导入增材制造设备,控制激光光束选择性地熔化各层的金属粉末材料,一层一层地逐步堆叠成三维金属零件。

SLS在铸造业中应用较多,用于直接制作快速模具,如图1-10所示。粉末材料选择性激光烧结可用于直接加工塑料、陶瓷或金属零件。SLS零件的翘曲变形比SLA零件的翘曲要形小。

在烧结陶瓷、金属与黏结剂的混合粉并得到原型零件后,须将该混合粉置于加热炉中,烧掉其中的黏结剂,并在孔隙中渗入填充物。

1.3.4 EBM的应用

在医学上,人体的下巴骨、膝关节、髋关节等采用电子束熔融(EBM)工艺进行加工。图1-11所示为下巴骨的钛合金EBM打印图。

打印的参数如下。

(1) 打印的金属粉末材料:Ti6Al4V(钛合金)。

（a）直齿轮

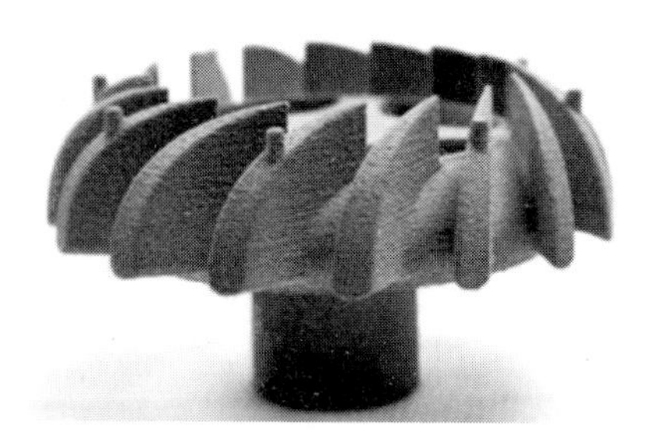

（b）铣刀

（c）耙子

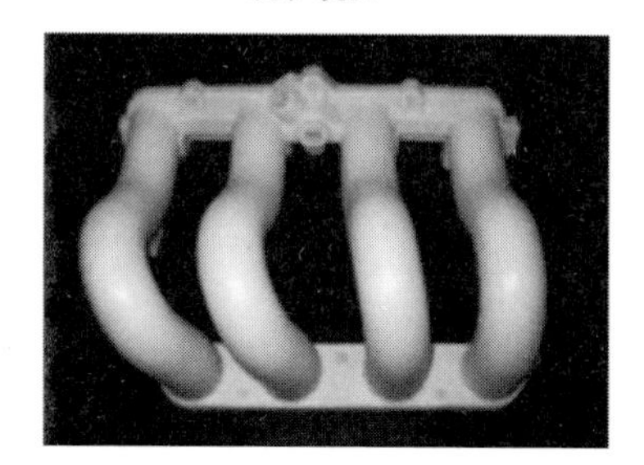

（d）支架

（e）法兰

图 1-10　SLS 的应用

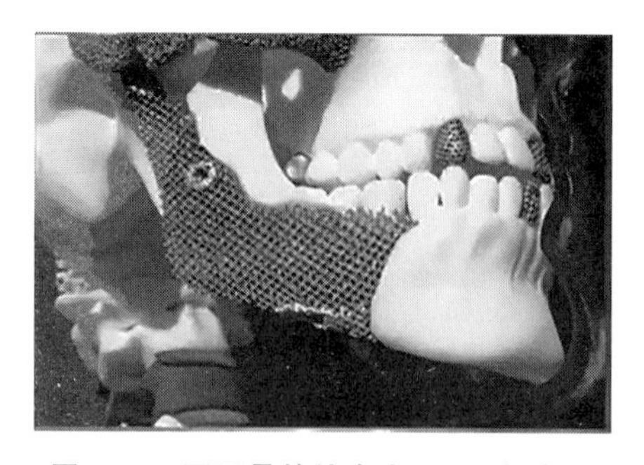

图 1-11　下巴骨的钛合金 EBM 打印图

（2）打印的熔点：1650 ℃。

（3）打印后的抗拉强度：1000 MPa。

（4）EBM 电子枪的功率：3000 W。

（5）每层的进给厚度：0.050～0.100 mm。

1.4 增材制造技术应用的瓶颈

国内增材制造技术正在快速发展，但增材制造技术依然存在很多问题。

增材制造技术所用的材料种类是非常有限的，一般主要是塑料、石膏、光敏树脂、无机粉末材料、金属粉末材料等。这些材料虽然国内也有生产，但是由于质量上的问题，光敏树脂、金属粉末材料等主要还是在国外购买。国内生产的增材制造材料主要是低端材料，如 ABS（acrylonitrile butadiene styrene，丙烯腈-丁二烯-苯乙烯）塑料和 PLA（polylactic acid，聚乳酸）塑料。工业应用三维打印耗材，如金属粉末材料，价格高，而且虽然国内制粉技术水平接近国际水平，但还有一定差距。金属粉末质量越好，打印出的产品的力学性能越好。

目前增材制造技术仅用于小规模的样本的快速生产，不用于大批量生产，以降低制造成本。

增材制造技术应用的瓶颈主要在以下几个方面。

（1）材料制备。

材料的瓶颈主要是材料的品种少、价格高、性能差等。增材制造材料需求很大，开发和生产增材制造材料将是一个潜在的大市场。

① 开发性能优越的复合成型材料。这些材料包括纳米材料、非均质材料、用其他传统方法难以制作的复合材料等。

② 成型材料标准化。目前增材制造材料大部分由各设备制造商单独提供，不同厂家的材料通用性很低。材料系列化和标准化将促进增材制造技术的发展，降低增材制造材料的成本。

③ 高强度材料的直接成型。金属、陶瓷等材料直接制造功能零件是将金属、陶瓷等材料直接成型。例如，美国密歇根大学的 Manzumd 采用直接金属沉积（direct metal deposition，DMD）技术直接成型钢模具，Los Alamos 国家实验室开发出了直接光学制造（directed light fabrication，DLF）技术，采用金属粉末通过大功率激光器可制造出致密金属零件。

（2）细胞组织工程的打印。

生物科学与制造科学相结合，生物技术和生物医学工程相结合，细胞组织工程的打印将成为生物领域的一个巨大挑战和应用。细胞组织工程的打印的挑战性问题，包括要保持细胞的活性、细胞能在打印的支架内培养等技术问题。

（3）微纳米制造的微结构打印。

目前，常用的微纳米制造的微加工方法采用减法去除材料的成型工艺，难以加工三维异形微结构，如电路板的微结构、集成电路芯片的微结构。而增材制造技术根据离散/堆积的降维制造原理，能制造形状复杂的微纳米结构。

（4）精密净成型加工。

增材制造技术是一种净成型技术，通过控制增材制造的建模、优化和算法，可以提高增材制造技术的精度，实现真正的精密净成型加工。

本章参考文献

[1] CHUA C K，LEONG K F，LIM C S. Rapid prototyping：principles and applications[M]. 2nd ed. Singapore：World Scientific Publishing Company，2003.

[2] GAO W，ZHANG Y B，RAMANUJAN D，et al. The status，challenges，and future of additive manufacturing in engineering[J]. Computer-Aided Design，2015，69：65-89.

[3] MELLOR S，HAO L，ZHANG D. Additive manufacturing：a framework for implementation[J]. International Journal of Production Economics，2014，149：194-201.

[4] PHAM D T，GAULT R S. A comparison of rapid prototyping technologies[J]. International Journal of Machine Tools and Manufacture，1998，38(10-11)：1257-1287.

[5] GIBSON I，ROSEN D，STUCKER B. Additive manufacturing technologies：3D printing，rapid prototyping，and direct digital manufacturing[M]. 2nd ed. New York：Springer Science+Business Media，2015.

[6] KRUTH J P，LEU M C，NAKAGAWA T. Progress in additive manufacturing and rapid prototyping[J]. CIRP Annals，1998，47(2)：525-540.

[7] 颜永年，张人佶. 加速发展我国的快速成形技术[J]. 电加工与模具，2002(5)：1-4.

[8] GOH G D，SING S L，LIM Y F，et al. Machine learning for 3D printed multi-materials tissue-mimicking anatomical models[J]. Materials & Design，2021，211：110125.

[9] EWONUBARI E B, WATSON J T, AMAZA D S, et al. Problems and prospects of acquistion of human cadaver for medical education in Nigeria [J]. Journal of the Pakistan Medical Association, 2012, 62 (11): 1134-1136.

第2章 增材制造工艺概述

2.1 SLA 工艺

1986 年，美国 3D Systems 公司率先推出了液态光敏聚合物选择性固化(SLA)技术，引起工业界的广泛兴趣，增材制造技术得到了迅猛发展。美国 3D Systems 公司生产的 SLA 系列成型机是第一个得到商业应用的增材制造设备。

液态光敏聚合物选择性固化工艺又称为立体平版印刷工艺。该工艺所用液态光敏树脂材料在一定波长和强度的激光(如波长为 325 nm、功率为 30 mW 的激光)照射下，可以迅速地发生光聚合反应，分子量急剧增大，材料从液态转变成固态。SLA 技术通过控制激光的照射轨迹，使固化后的材料形成需要的形状。

SLA 设备是基于液体的快速成型系统，工作原理是在光固化的液态树脂缸中制造零件。该树脂是一种有机树脂，可在激光辐射的作用下固化成型，其波长通常在紫外线(UV)波长范围内。在 SLA 设备中使用的绝大多数光聚合物在紫外线波长范围内是可固化的。紫外线辐射可使大多数光聚合物固化，也有一些可见光辐射能使光聚合物固化。在已经固化的前一层的基础上固化新的一层光聚合物，最后制造出一个三维部件。光聚合物的生成反应是聚合反应，聚合反应是将小分子(称为单体)连接成链状大分子(称为聚合物)的过程。

SLA 设备是基于光的作用而不是基于热的作用工作的，因此工作时只需功率较低的激光源就可使材料固化。图 2-1 所示为 SLA 工艺原理。

光聚合物也应用于 3D 喷墨打印工艺。光聚合技术中光聚合物由光引发剂、活性稀释剂、增韧剂、稳定剂和液态单体组成。

一般来说，当紫外线照射到光聚合物上时，光引发剂产生化学变化，使液态单体发生聚合反应，生成聚合物链，然后聚合物链发生交联反应，通过强大的共价键，形成大分子。

在工程应用中，光聚合物除了用紫外线固化以外，还可以通过暴露在电磁辐射（如 γ 射线、X 射线、可见光、电子束等）中固化。

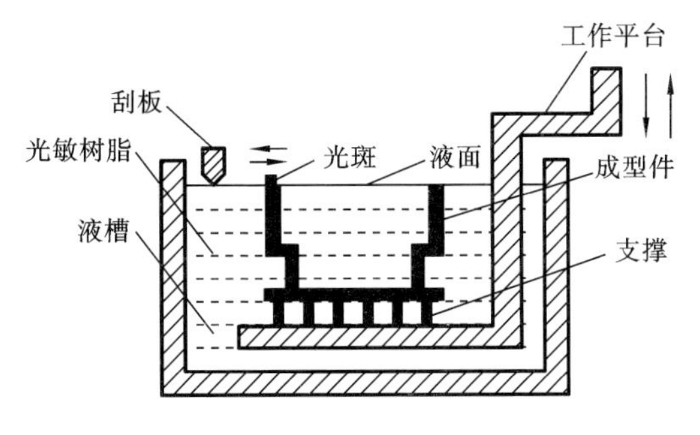

图 2-1　SLA 工艺原理

1. SLA 工艺过程

（1）计算机控制激光光束对光敏树脂的表面进行逐点扫描，被扫描区域的树脂薄层发生光聚合反应而固化，形成零件的一个薄层。

（2）工作平台下移一个层厚的距离，在原先固化的树脂表面上再敷上一层新的液态树脂，用刮板刮去多余的树脂，再控制激光光束对新的一层树脂进行扫描。

（3）重复步骤（1）、步骤（2），将整个成型件制造完毕。

（4）利用工作平台的升降功能将成型件取出，对其进行清洗、去除支撑、二次固化和表面抛光等处理。

2. SLA 工艺的后固化处理

在加工完成后，需要进行剥离等后处理工作，以便去除废料和支撑等。对于利用 SLA 工艺制造的成型件，还要进行后固化处理等。后固化处理包括以下几个步骤。

（1）加工结束后，工作平台升出液面，停留几分钟，晾干多余树脂。

（2）用酒精等液体清洗成型件和工作平台。

（3）由外向内取出成型件，去除支撑。

（4）再次清洗成型件后，将其置于烘箱内进行整体固化。

进行后固化处理的原因是刚刚制造的成型件强度低，所以要用较强的紫外

线照射，使之充分固化。固化时间不定，如 30 min。

2.2 LOM 工艺

分层实体制造(LOM)又称为薄形材料选择性切割、叠层实体制造。LOM 工艺采用堆叠层板、织物和其他板材加工出零件。LOM 工艺由美国 Helisys 公司的 Michael Feygin 在 1986 年提出。LOM 设备根据三维 CAD 模型每一个截面的轮廓线，在计算机的控制下，发出激光切割的控制指令，使切割头沿 X 轴方向和 Y 轴方向移动并对薄形材料进行切割，逐步得到各层截面，并黏结在一起，从而得到所需零件。图 2-2 所示为 LOM 工艺原理。

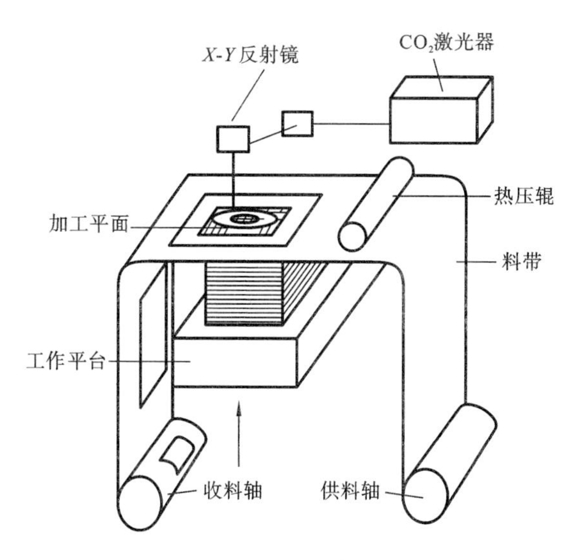

图 2-2　LOM 工艺原理

供料轴将表面涂有热熔胶的箔材一段段地送至工作平台的上方。用激光对箔材割出轮廓线后，由热压辊将纸一层层压紧，使它们黏合在一起，并在每层成型之后进行切割和黏结。每完成一层的切割和黏结，工作平台降低一个层厚，以便送料、黏结和为切割新的一层留出空间。加工完成后，形成由许多小废料块包围的三维成型件，接着进行后处理。图 2-3 所示为 LOM 工艺过程。

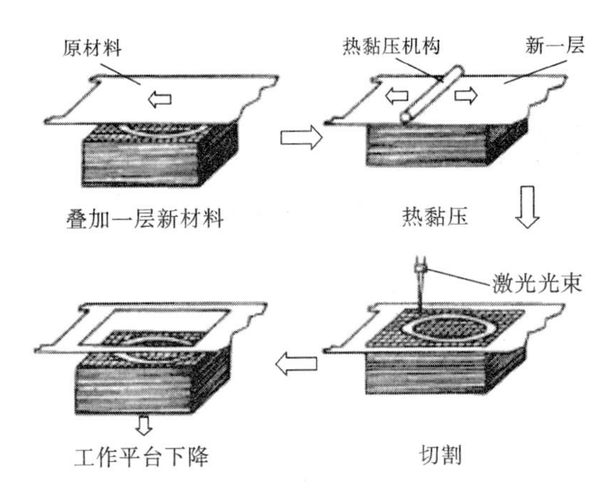

图 2-3　LOM 工艺过程

2.3　SLS 工艺

Carl Deckard 于 1989 年提出粉末材料选择性激光烧结(SLS)工艺，该工艺又称为选区激光烧结工艺。之后美国 DTM 公司于 1992 年推出了该工艺的商业化生产设备——Sinterstation。SLS 工艺采用激光器对热塑性粉末材料或金属粉末材料进行选择性烧结，是一种将离散点连接成线和面、一层层堆积成三维实体的增长型成型制造方法。

在利用 SLS 工艺开始加工之前，要对系统进行预热，即将惰性气体室与温度控制室升温。SLS 工艺制备金属产品时分为间接金属烧结和直接金属烧结。间接金属烧结的原理为：先将金属粉末和树脂粉末混合，将其中的树脂粉末烧掉，得到工件原型，再进行金属的熔渗，得到金属成型件。直接金属烧结的原理为：将金属粉末直接高温烧结，烧结温度达到金属的熔点时，得到金属成型件。

成型时，送料缸上升，铺粉辊筒移动，在工作平台上铺一层粉末材料，然后激光光束在计算机控制下按照截面轮廓线对粉末进行选择性烧结，使粉末熔化而形成一层固体轮廓。一层粉末烧结完成后，工件缸下降一个截面层的高度，再铺上一层粉末，进行下一层烧结，如此循环，形成三维成型件。SLS 工艺原理如图 2-4 所示。

1. SLS 工艺的优点

(1) 可采用多种烧结材料。任何加热后能够实现原子间黏结的粉末材料都

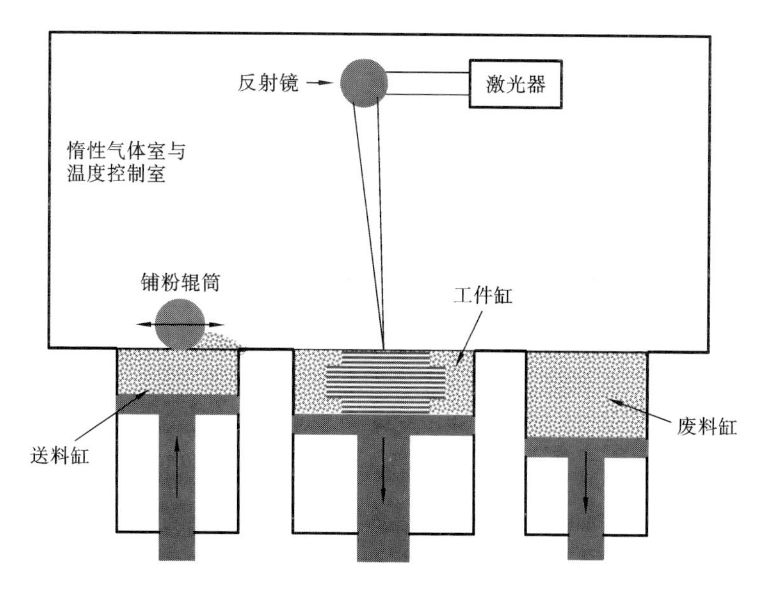

图 2-4　SLS 工艺原理

可以作为 SLS 工艺的成型材料，如绝大多数工程用塑料、蜡、金属、陶瓷等。

（2）材料利用率高，未烧结的粉末经处理后可重复使用，材料无浪费。

（3）无须采用支撑结构，未烧结的粉末可起支撑作用。

（4）成型件力学性能好，强度高，可直接打印模具。

2. SLS 工艺的缺点

（1）成型件结构疏松、多孔、有内应力，易变形，且 Z 轴方向的精度难以控制。

（2）对于陶瓷、金属成型件，后处理较难。

（3）需要预热和冷却。在加工前，要花一定的时间将粉末加热到熔点以下，在零件成型后，还要花一定的时间冷却才能将零件从工件缸中取出。

（4）成型件表面粗糙多孔，其表面粗糙度受粉末颗粒大小及激光光斑尺寸的限制。

（5）成型过程中会产生有毒气体及粉尘，污染环境。

3. SLS 工艺参数

SLS 工艺参数的选择对粉末的熔融有很大影响。SLS 工艺参数包括激光功率、扫描速度、层厚、光斑尺寸、扫描间距、粉床温度等。下面介绍前三个参数。

（1）激光功率。

用高功率的激光加热，把粉末熔化，形成零件。SLS工艺可用于多种热塑性塑料，如尼龙、聚碳酸酯塑料等的成型。

激光功率较小时，成型件的拉伸强度和冲击强度均随激光功率的增大而升高。激光功率过大时，粉末因被氧化而降解，成型件的强度降低。

（2）扫描速度。

扫描速度决定了激光光束对粉末的加热时间。在激光功率相同的条件下，扫描速度越低，激光对粉末的加热时间越长，传输的热量越多，粉末熔化得越好，成型件的强度越高。但过低的扫描速度会导致粉末表面的温度过高，从而降低成型件的强度，并影响成型速度。

（3）层厚。

层厚指铺粉厚度，即工件缸下降一层的高度。加工时若采用较大的层厚，所需制造的总层数少，制造时间短。但由于激光在粉末中的透射强度随厚度的增大而急剧下降，层厚过大会导致层与层之间黏结不好，甚至出现分层裂纹，严重影响成型件的强度。

4. SLS工艺过程

（1）高分子粉末材料烧结过程包括前处理、粉层烧结叠加和后处理。在前处理过程中，生成STL文件和切片文件。在粉层烧结叠加过程中，根据成型件的结构特点，完成逐层粉末烧结和叠加。在后处理过程中，进行如渗蜡或渗树脂的增强处理。

（2）金属零件间接烧结过程包括成型件的制作、粉末烧结、金属熔渗后处理。成型件的制作过程包括创建CAD模型和切片分层。粉末烧结过程是激光烧结和堆积成型的过程。

（3）金属零件直接烧结过程包括前处理、切片分层和零件直接激光烧结。

2.4 FDM工艺

1. FDM工艺原理

熔融沉积成型（FDM）工艺又称为熔丝沉积工艺或丝状材料选择性熔融工艺。FDM工艺原理为：将丝状的热熔性材料加热熔化，通过带一个微细喷嘴的FDM喷头挤喷出来；同时FDM喷头在计算机的控制下，根据截面轮廓信息，将材料选择性地涂覆在工件表面上，材料快速冷却后形成一层截面；重复以上过

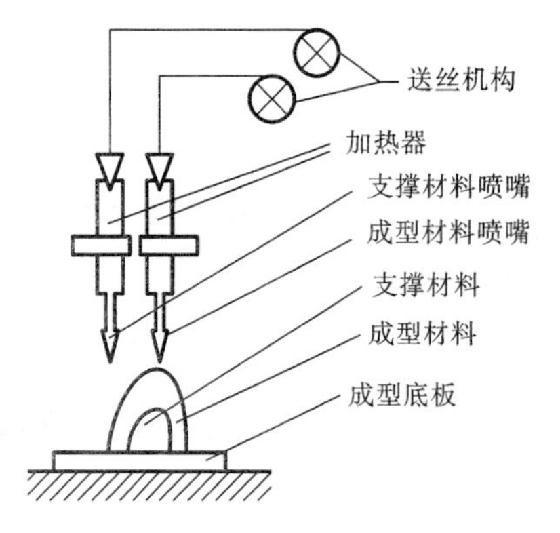

图 2-5　FDM 工艺原理

程，继续熔喷沉积，直至形成整个 3D 模型。图 2-5 所示为 FDM 工艺原理。

FDM 工艺由美国工程师 Scott Crump 于 1988 年提出。FDM 材料一般是热塑性材料，呈丝状。材料在喷头内被加热熔化，喷头沿零件截面轮廓尺寸和填充轨迹运动，将熔化的材料挤到工件表面上，材料迅速凝固，并与周围的已加工材料黏结。

FDM 加工过程、实例和设备如图 2-6 所示。

（a）FDM加工过程

（b）FDM加工的人体模型

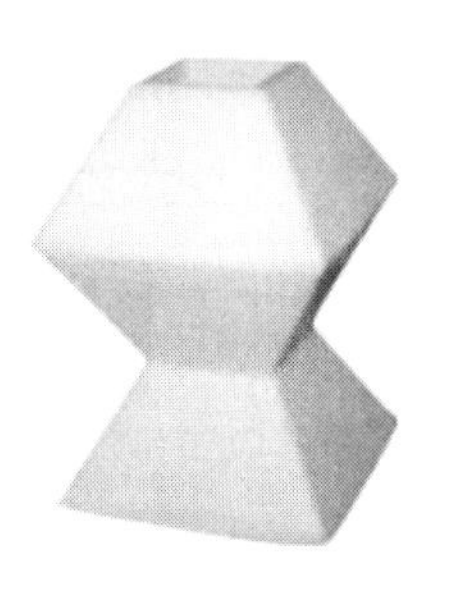

（c）FDM加工的工艺品

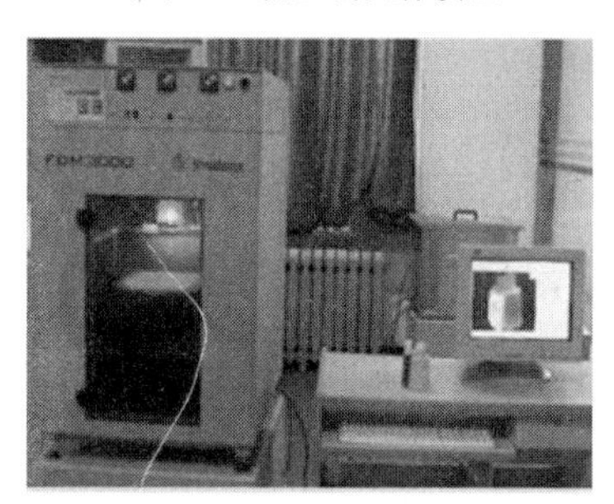

（d）FDM设备（美国的FDM3000）

图 2-6　FDM 加工过程、实例和设备

喷头是实现 FDM 工艺的关键部件，喷头的结构设计和控制方法是影响成型件质量的关键。为了提高生产效率可以采用多个喷头，如美国 3D Systems 公司推出的 Actua2100，其喷头数量多达 96 个。

按结构的不同来分类，FDM 设备的喷头有柱塞式和螺杆式两种，如图 2-7

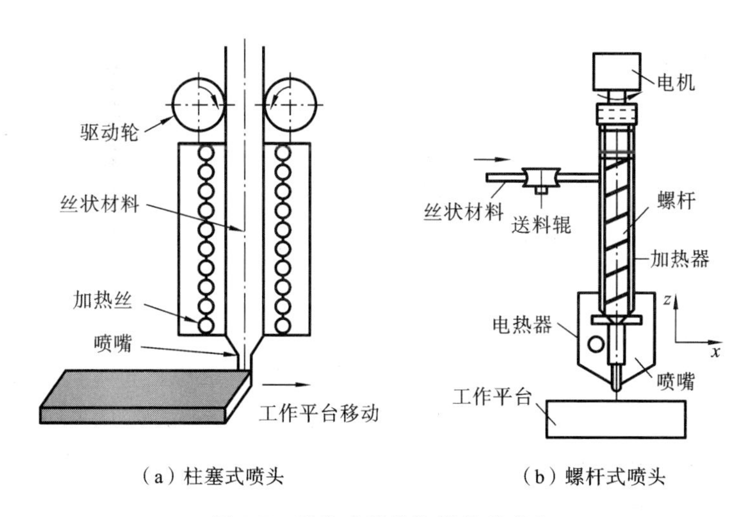

（a）柱塞式喷头　　（b）螺杆式喷头

图 2-7　柱塞式喷头和螺杆式喷头

所示。

国内常用FDM材料包括ABS、聚碳酸酯（PC）、聚苯砜（PPSF）及ABS与PC的混合料等。

FDM设备主要以ABS和PLA为材料，ABS强度较高，但具有毒性，制造时气味很大，必须保持良好的通风环境。此外其热收缩性较高，影响成型件精度，加工时工作平台要预热。PLA是一种生物可分解塑料，无毒，环保，制造时几乎无味，成型件形变也较小，目前为国外主流桌面级增材制造设备的材料。

2. FDM工艺的优点

（1）成本低。FDM设备费用低，原材料的利用率高，使得成型成本较低。

（2）采用水溶性支撑材料，去除支撑简单易行，并可快速构建复杂的内腔、中空结构，以及制造一次成型的装配结构件。

（3）可选用的成型材料种类多。原材料以卷轴丝的形式提供，易于搬运和快速更换。

（4）用蜡成型的零件，可以直接用于熔模铸造。

（5）热融挤压头系统构造简单、操作方便，维护成本低。

3. FDM工艺的缺点

（1）成型件的表面有较明显的条纹。

（2）成型件沿成型轴垂直方向的强度比较低。

（3）需要设计与制作支撑结构。

（4）需要对整个截面进行扫描和涂覆，成型时间长。

4. FDM 工艺问题

（1）材料收缩问题。

在凝固过程中，材料发生收缩，其收缩主要表现为分子取向收缩和热收缩。分子取向收缩是指在成型过程中，熔融态的分子在填充方向上被拉长，又在随后的冷却过程中发生收缩，使堆积丝在填充方向的收缩率大于与该方向垂直的方向的收缩率。热收缩是指材料因其固有的热膨胀率而产生的体积变化。

一般采用补偿方法解决材料收缩问题，对 X、Y、Z 轴三个方向应用收缩补偿因子，即针对不同的零件形状和结构特征，根据经验采用不同的收缩补偿因子，使零件成型时的尺寸略大于 CAD 模型的尺寸，当冷却凝固时，零件尺寸最终收缩到设计时的尺寸。

（2）喷头温度的问题。

喷头温度决定了材料的黏结性能、丝状材料（丝材）的流量和挤出丝的宽度。若喷头温度太低，则黏度大，挤丝速度慢，喷嘴堵塞，层间易剥离。若喷头温度太高，材料偏向于液态，则黏度小，流动性高，挤出过快，无法形成精确控制的丝材。上一层材料还未冷却成型，下一层材料就加压于其上，使上一层发生坍塌而被破坏。喷头温度要根据丝材的性质在一定范围内选择，以保证挤出丝呈熔融状态。

（3）分层厚度问题。

分层厚度是每层切片的厚度。由于切片有厚度，成型件表面会出现台阶现象，影响表面质量。分层厚度越小，成型件产生的台阶越小，表面质量越好，但所需处理的层数越多，成型时间会变长，加工效率会变低。反之，分层厚度越大，成型件产生的台阶越大，表面质量越差，但加工效率相对较高。

（4）成型时间问题。

每层的成型时间、填充速度与该层的面积和形状的复杂程度有关。若某一层的面积小，形状简单，填充速度快，则该层的成型时间就短。加工时，控制好喷嘴的工作温度和每层的成型时间，才能得到精度较高的成型件。层的面积较小时，由于该层的成型时间太短，因此加工速度要慢，使加工层固化好，防止塌陷。而层的面积较大时，应选择较快的加工速度，以减少成型时间，防止开裂。

2.5 SLM 工艺

选择性激光熔融（SLM）工艺利用分层制造思想，以金属粉末为原料，将

CAD 模型转换为零件。它可以利用单一金属或混合金属粉末直接制造出金属零件，这些零件具有高致密性、较高尺寸精度和较低表面粗糙度。

SLM 工艺是一种基于激光的增材制造方法。吸收特定波长的激光光子后可以被熔化的任何材料都能作为 SLM 工艺原料，因此适用于 SLM 工艺的材料不仅仅限于金属材料。在 SLM 中使用的材料通常是粉状的。

SLM 工艺原理（见图 2-8）为：首先由水平铺粉辊将金属粉末平铺到加工室的基板上，加热粉末至温度达到低于该粉末熔点的某一温度，然后激光光束按当前层的轮廓数据选择性地熔化基板上的粉末，进行烧结，并与下面已经成型的部分黏结在一起。工作平台下降一层加工厚度，铺粉辊再在已加工好的当前层上平铺金属粉末，进行下一层加工，直到加工完整个零件。为避免金属粉末在高温下与其他气体发生反应，整个加工过程在真空或通有惰性气体的加工室中进行。

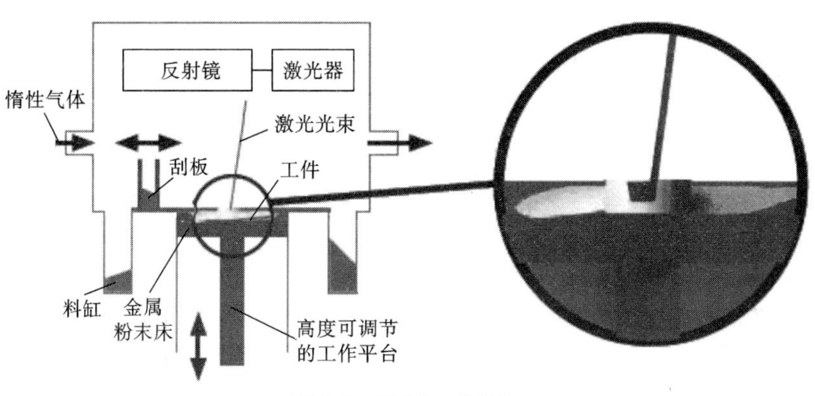

图 2-8　SLM 工艺原理

SLM 工艺常用于戒指和齿轮组的加工，如图 2-9 所示。

（a）SLM加工的戒指

（b）SLM加工的齿轮组

图 2-9　SLM 加工的金属件

2.6 3DP 工艺

三维打印(3DP)工艺是美国麻省理工学院 Emanual Sachs 等人提出的。3DP 又称为黏结剂喷射(binder jetting),所用材料包括金属粉末和陶瓷粉末等。

1. 3DP 工艺

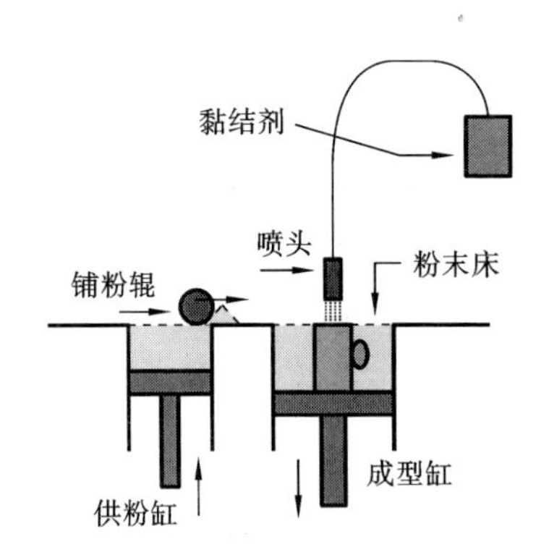

图 2-10 3DP 设备的工作原理

3DP 工艺采用固体粉末材料,通过喷头喷射黏结剂将零件的截面印刷在材料上。用黏结剂黏结的零件强度较低,要进行后处理来加固成型件。如图 2-10 所示,具体工艺过程为:一层黏结完毕后,成型缸下降一个层厚距离,供粉缸上移一个层厚距离,推出若干粉末,这些粉末被铺粉辊推到成型缸,铺平并被压实。喷头在控制系统的控制下,根据截面的成型数据选择性地喷射黏结剂建造层面。铺粉辊铺粉时多余的粉末被废料装置收集。如此重复地供粉、铺粉和喷射黏结剂,成型缸下移,供粉缸上移,最终完成一个三维实体的黏结制造。没有喷射黏结剂的地方有干粉,其在成型过程中起支撑作用,在成型结束后,该支撑易去除。

2. 3DP 工艺的优点

(1) 成型速度快,成型材料价格低。

(2) 在黏结剂中添加颜料,可制造彩色原型。

(3) 在成型过程中不需要额外的支撑,多余粉末的去除比较方便,特别适用于打印内腔复杂的原型。

3. 3DP 工艺的缺点

(1) 成型件强度较低。

(2) 一般只用于打印概念模型,而不能用于打印功能性试验模型。

2.7 EBM 工艺

电子束熔融(EBM)工艺是直接制造金属零件的一种增材制造工艺。EBM 工艺是指对三维模型进行切片分层处理,将模型的三维形状数据离散成一系列层的二维数据,然后按照每一层的数据信息用高能电子束选择性地熔化金属粉末，逐层堆积，冷却后去除未熔化的金属粉末，得到所需的成型件，最终得到与设计文件一致的金属零件。

与其他以激光为能量源的金属成型工艺相比，EBM 工艺具有能量利用率高、无反射、功率密度高、聚焦方便等优点。由于真空可防止活性金属和合金的氧化而产生高能量效率，以及由 EBM 制造的部件获得的微结构显示出与锻造材料相似的改进的力学性能，EBM 工艺得到了广泛应用。

EBM 在工业上用来直接加工具有复杂几何形状的工件，如空腔、网格结构、深孔等。EBM 工艺在航空设备制造领域用来打印涡轮叶片等重要部件，在医学领域用来打印骨骼假体。图 2-11 所示为 EBM 加工过程。

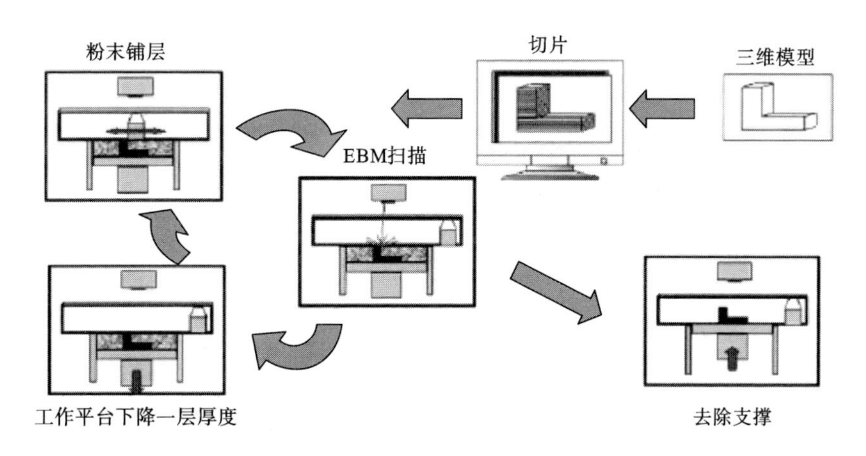

图 2-11　EBM 加工过程

2.8　LCF 工艺

激光熔覆成形（LCF）工艺是以激光为热源，以预置或同步供给的金属粉末或者金属丝为原料，采用激光在基板上逐层熔化材料，逐层堆积，最后成型实体零件。

激光熔覆成形工艺分为金属粉末激光熔覆成形工艺和金属丝激光熔覆成形工艺。

1. 金属粉末激光熔覆成形工艺

金属粉末激光熔覆成形工艺是指将金属粉末吹向需要进行表面处理的地方，并用激光将金属粉末熔化。图 2-12 所示为金属粉末激光熔覆成形过程。

图 2-12　金属粉末激光熔覆成形过程

图 2-13 所示为金属粉末激光熔覆成形工艺原理。

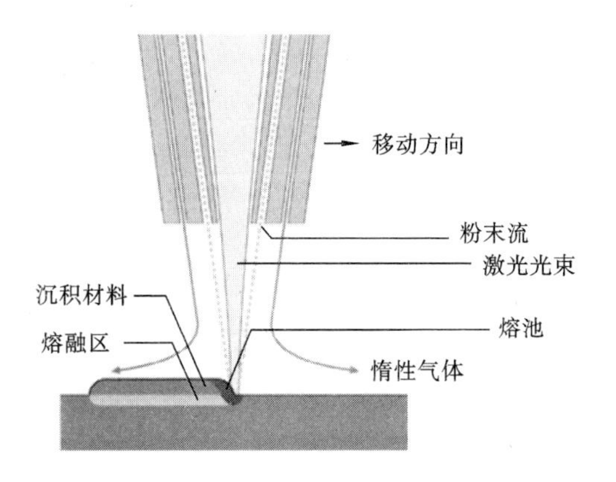

图 2-13　金属粉末激光熔覆成形工艺原理

2. 金属丝激光熔覆成形工艺

金属丝激光熔覆成形工艺采用自动送丝的方式，用激光完全熔化金属丝，生成一层工件表面。根据分层叠加的原理，一层一层地堆积为成型件。图 2-14 所示为金属丝激光熔覆成形过程。

激光功率、扫描速度和送丝速度不同，金属丝的熔化形式也不同。根据熔覆成形过程中基体表面上是否形成熔池，金属丝的熔化模型可分为熔滴模型和熔池模型两大类。

图 2-14　金属丝激光熔覆成形过程

（1）熔滴模型。

金属丝末端受热后熔化形成熔融态金属液滴。该液滴在重力和表面张力的综合作用下滴落到基体表面，冷却后凝固成熔道。基于该模型得到的熔覆层表面不平整。图 2-15 所示为熔滴模型。

（2）熔池模型。

当激光功率足够大时，在已凝固熔道和基体上表面之间就会形成熔池，金属丝被送入熔池后因吸收热量而熔化，冷却后凝固成熔道。基于该模型得到的熔覆层表面较为平整，但熔道内部可能会存在孔隙。图 2-16 所示为熔池模型。

图 2-15　熔滴模型

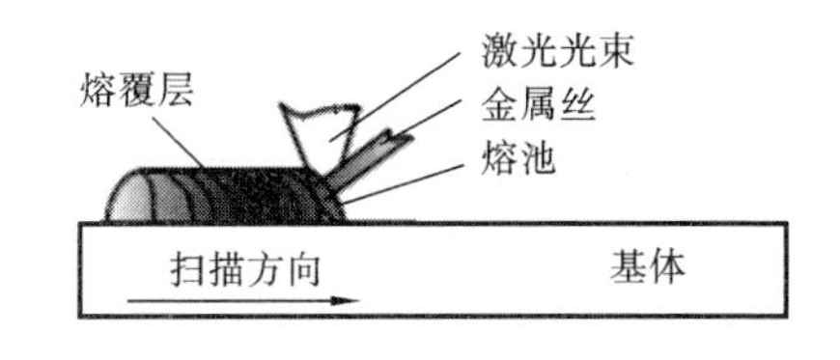

图 2-16　熔池模型

本章参考文献

[1] CHUA C K，LEONG K F，LIM C S. Rapid prototyping：principles and ap-

plications [M]. 2nd ed. Singapore: World Scientific Publishing Company,2003.

[2] MURR L E,GAYTAN S M,RAMIREZ D A,et al. Metal fabrication by additive manufacturing using laser and electron beam melting technologies [J]. Journal of Materials Science & Technology,2012,28(1):1-14.

[3] CHEN Z N, LIU D X, NAKANO H,et al. Handbook of antenna technologies[M]. Singapore:Springer Science+Business Media,2016.

[4] YU K, RITCHIE A,MAO Y Q,et al. Controlled sequential shape changing components by 3D printing of shape memory polymer multimaterials [J]. Procedia IUTAM,2015,12:193-203.

[5] MURR L E, ESQUIVEL E V, QUINONES S A, et al. Microstructures and mechanical properties of electron beam-rapid manufactured Ti-6Al-4V biomedical prototypes compared to wrought Ti-6Al-4V[J]. Materials Characterization, 2009, 60(2):96-105.

[6] BERGER U. A survey of additive manufacturing processes applied on the fabrication of gears[C]//Proceedings of the 1st International Conference on Progress in Additive Manufacturing. Singapore: Research Publishing Services,2014.

[7] KLOCKE F,BRECHER C,WEGENER M,et al. Scanner-based laser cladding[J]. Physics Procedia,2012,39:346-353.

[8] GIBSON I, ROSEN D, STUCKER B . Additive manufacturing technologies: 3D printing, rapid prototyping, and direct digital manufacturing [M]. 2nd ed. New York:Springer Science+Business Media,2015.

[9] SACHS E,CIMA M, CORNIE J. Three-dimensional printing: rapid tooling and prototypes directly from a CAD model[J]. CIRP Annals, 1990, 39(1):201-204.

[10] DECKER C, VIET T N T, DECKER D, et al. UV-radiation curing of acrylate/epoxide systems[J]. Polymer,2001,42(13):5531-5541.

[11] ANDRZEJEWSKA E. Photopolymerization kinetics of multifunctional monomers[J]. Progress in Polymer Science,2001,26(4):605-665.

[12] GANS B J D,DUINEVELD P C,SCHUBERT U S. Inkjet printing of polymers: state of the art and future developments[J]. Advanced Mate-

rials,2004,16(3):203-213.
[13] TSENG A A, ASME F,LEE M H,et al. Design and operation of a droplet deposition system for freeform fabrication of metal parts[J]. Journal of Engineering Materials and Technology,2001,123(1):74-84.

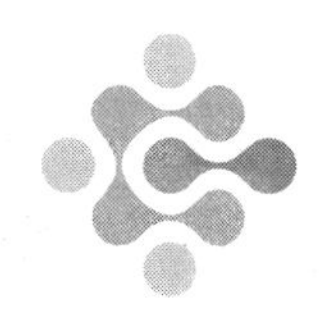

第3章 支撑部件

支撑是增材制造过程中对成型件加工提供支持、保证各成型部分连接可靠、为减小成型件的翘曲和变形而增加的辅助材料。在增材制造中有些工艺不需要支撑,有些工艺需要支撑。对于某些增材制造工艺,如 LOM 工艺、3DP 工艺等,先前打印的层可以自动成为后面打印层的支撑,相当于自动形成支撑。而对于另外一些增材制造工艺,如 SLS 工艺、FDM 工艺、SLA 工艺,这类增材制造工艺需要支撑。

3.1 支撑的基本概念

支撑是辅助结构,加工成完后这些辅助结构要从成型件上除去。

1. 生成支撑的方法

(1) 人机交互式设计支撑。通过人机对话方式,选择生成支撑的要求。

(2) 自动生成支撑。支撑由软件根据零件的几何信息和工艺要求自动生成。

(3) 在三维实体设计中直接在 CAD 造型时加入支撑的三维模型。在切片分层前,在零件的三维模型上添加支撑,同时对零件与支撑进行切片切层。

(4) 自动式和手动式结合。自动生成支撑后,再手动修改。

(5) 在切片分层后,在每层数据上添加支撑数据,从而生成支撑。

2. 支撑的作用

(1) 防止坍塌。无支撑时,当上层截面面积大于下层截面面积时,上层截面中多出来的材料处于悬浮状态,可能导致坍塌。

(2) 防止变形或翘曲。例如,SLA 工艺中,无支撑时在浮力的作用下,成型件易发生变形或翘曲。

(3) 使已加工部分的位置稳定。

设计支撑时要使成型件摆放稳定。图 3-1 所示为增材制造设备中物件的放置方向。

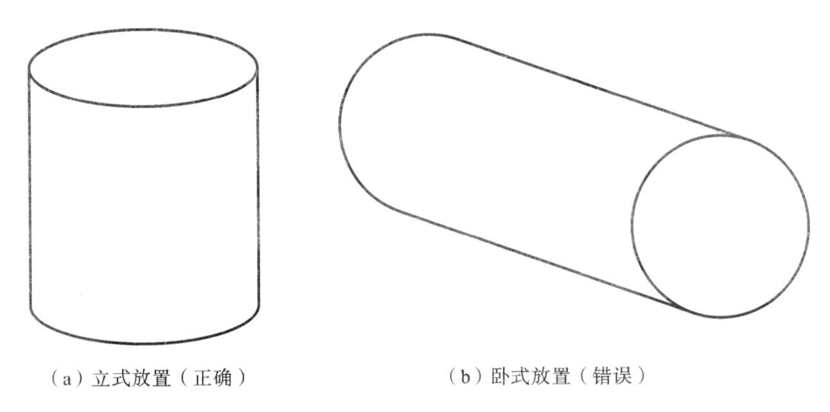

图 3-1　增材制造设备中物件的放置方向

3. 支撑设计的要求

(1) 在后处理中支撑要容易除去,防止在除去支撑时成型件被破坏,导致精度下降。在能够稳定支撑的前提下,支撑尽量设计成容易除去的结构,如细丝状的网状结构。这主要考虑的是尽可能减小支撑与成型件的接触面积,使支撑容易移走。

(2) 减少支撑用料,缩短支撑加工时间。

(3) 支撑要具有一定的强度和稳定性,防止支撑变形与坍塌。

在增材制造中有两类支撑,即基础面支撑与托盘支撑,如图 3-2 和图 3-3 所示。

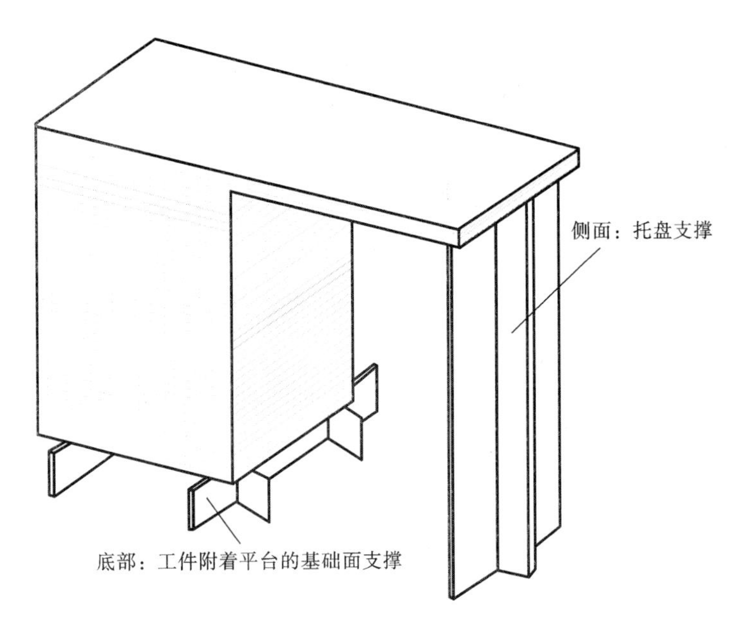

图 3-2　支撑示例一

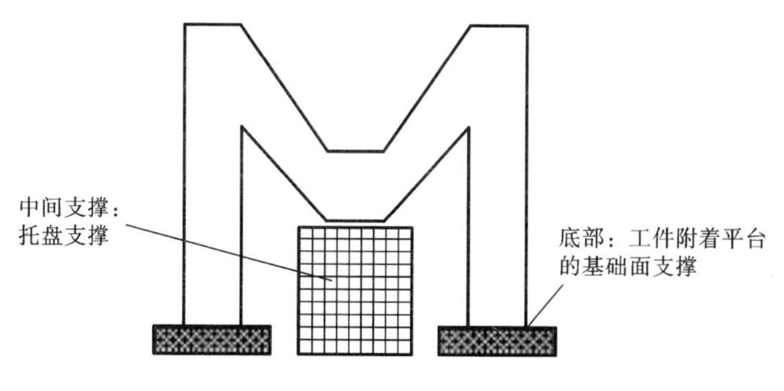

图 3-3　支撑示例二

4. 基础面支撑与托盘支撑

(1) 工件附着平台的基础面支撑。该支撑是工件和平台的连接部分，在平台和工件的底面之间建立缓冲层，在工件制造完成后便于从平台上移走。底部：工件附着平台的基础面支撑如图 3-4 所示。

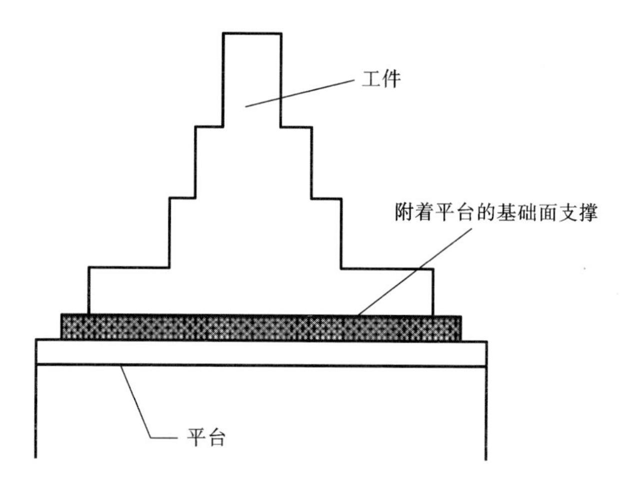

图 3-4　底部：工件附着平台的基础面支撑

(2) 托盘支撑。当上层截面比下层截面大时，上层截面的多出部分因没有支撑而悬空(或悬浮)，或当上层截面的下部无托起物时，工件容易发生塌陷或变形，甚至不能成型，因此需要托盘支撑。

需要托盘支撑的外悬臂梁示意图如图 3-5 所示。需要托盘支撑的内悬臂梁示意图如图 3-6 所示。

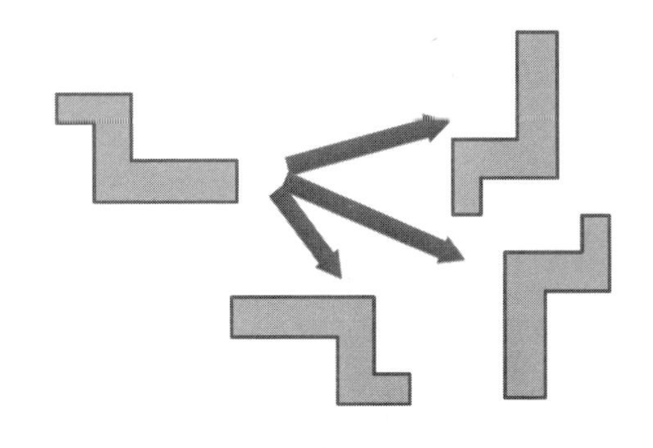

（a）几类外悬臂梁

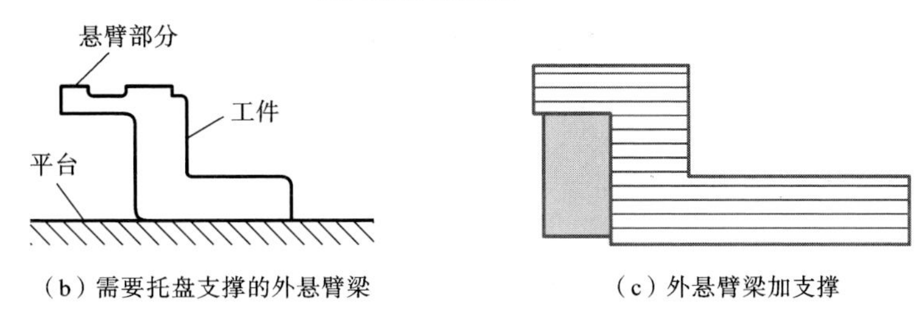

（b）需要托盘支撑的外悬臂梁　　（c）外悬臂梁加支撑

图 3-5　需要托盘支撑的外悬臂梁示意图

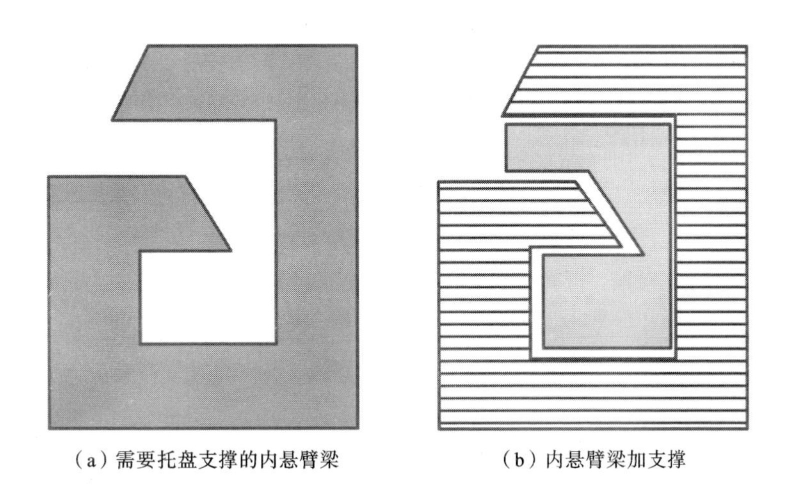

（a）需要托盘支撑的内悬臂梁　　（b）内悬臂梁加支撑

图 3-6　需要托盘支撑的内悬臂梁示意图

增材制造中 SLS、SLM、3DP、EBM、LOM 工艺主要采用工件附着平台的基础面支撑。FDM、SLA 工艺采用工件附着平台的基础面支撑与托盘支撑。

5. 支撑的结构

支撑的结构包括：块结构、点结构、网状结构、轮廓结构和线结构，如图 3-7 所示。

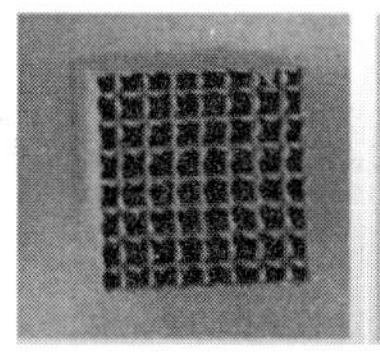
（a）块结构

（b）点结构

（c）网状结构

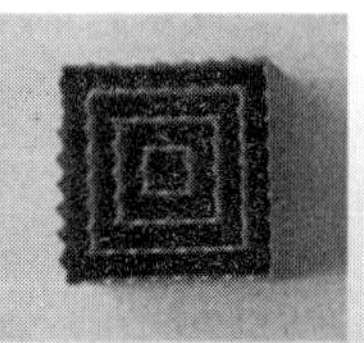
（d）轮廓结构

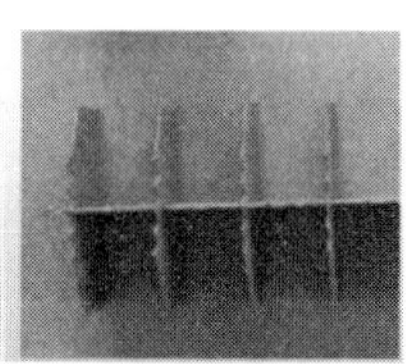
（e）线结构

图 3-7　支撑的结构

3.2　SLA 的支撑部件

在 SLA 工艺中，液态光敏树脂固化后从光敏树脂液体中上浮，无支撑时成型件易发生翘曲变形或产生“孤岛”特征，为防止变形和避免后续层漂浮不定，SLA 工艺需要支撑。SLA 支撑的作用如下。

（1）使成型件坚固地黏结在底座上，从而避免底座浸入液槽时成型件漂起和用刮板刮平表面树脂时成型件倾翻。

图 3-8 所示为齿轮轴的 SLA 基础面支撑。图 3-9 所示为手机壳的 SLA

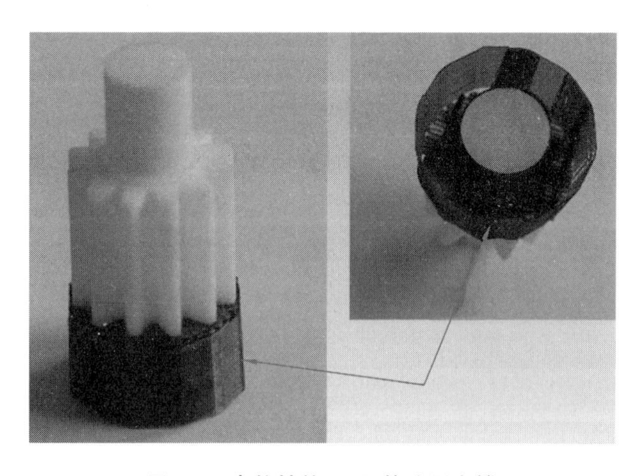

图 3-8　齿轮轴的 SLA 基础面支撑

基础面支撑。图 3-10 所示为复杂零件的 SLA 支撑。图 3-11 所示为人体模型的 SLA 支撑。

（a）手机壳

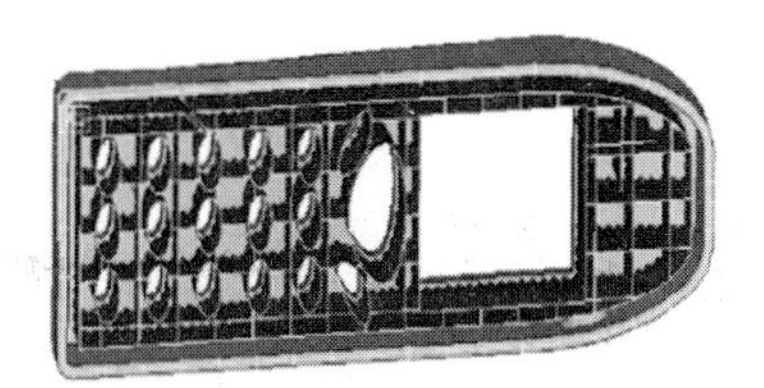

（b）手机壳的 Magics 软件图

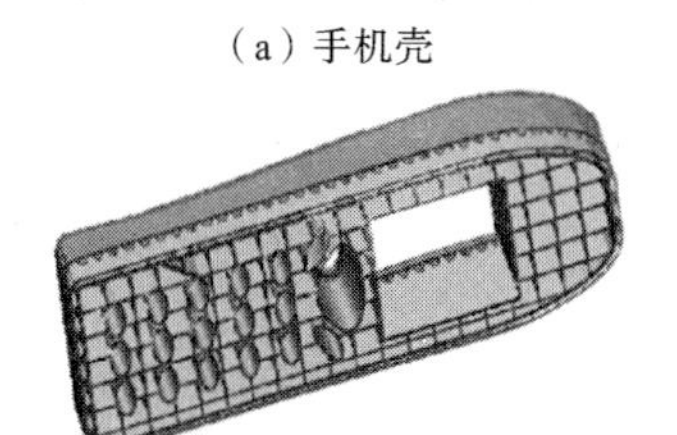

（c）手机壳的 Power RP 软件图

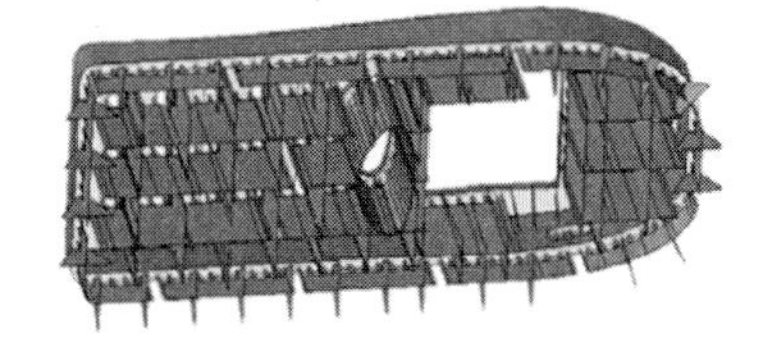

（d）手机壳的 Solid View 软件图

图 3-9　手机壳的 SLA 基础面支撑

（a）STL零件

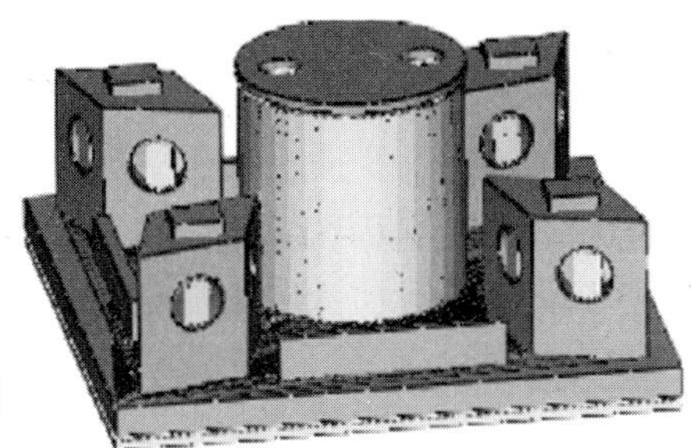

（b）STL零件加托盘支撑与工件附着平台的基础面支撑

图 3-10　复杂零件的 SLA 支撑

（2）对于结构特殊（如上表面横截面积大、下表面横截面积小），或具有悬臂和中空结构的成型件，支撑用来防止其在加工过程中倒塌。

图 3-12 所示为锯齿状的托盘支撑。图 3-13 所示为块体支撑。图 3-14 所示为倒金字塔零件的 SLA 支撑。图 3-15 所示为宝塔的中间托起平面的 SLA 网状支撑。

图 3-11 人体模型的 SLA 支撑

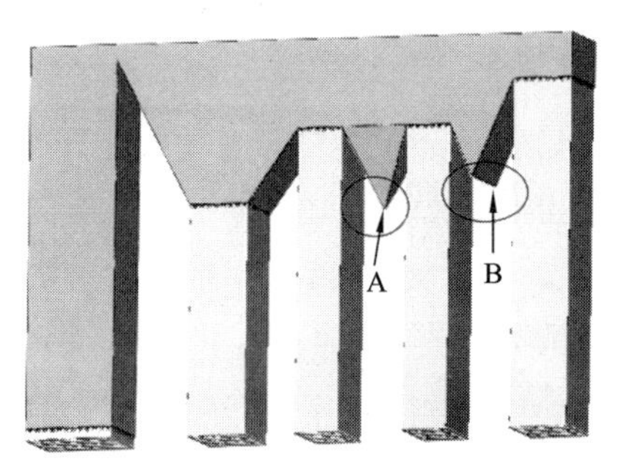

（a）A、B处无支撑（错误）

（b）A、B处有支撑（正确）

图 3-12 锯齿状的托盘支撑

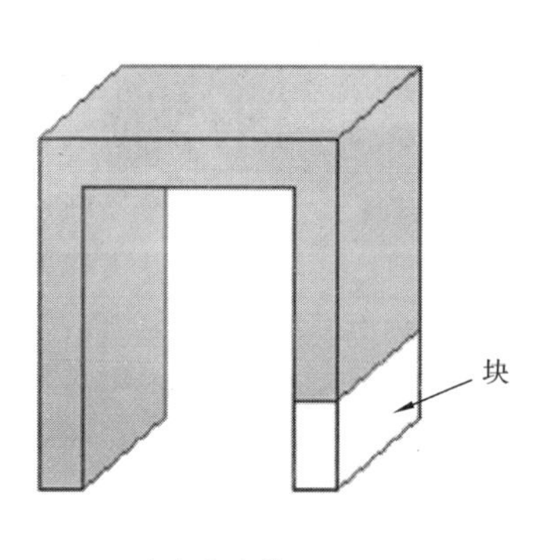

（a）块支撑

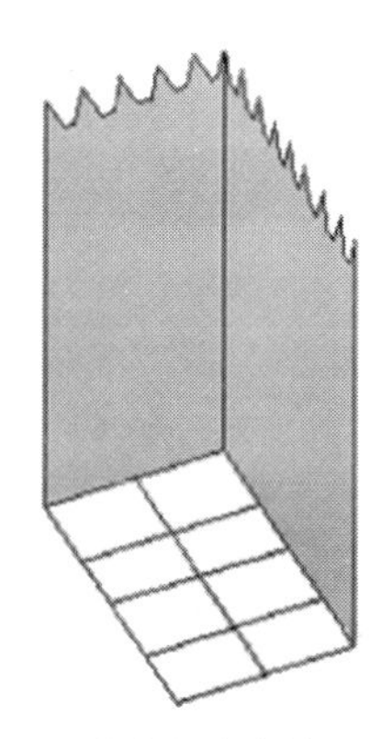

（b）锯齿支撑

图 3-13 块体支撑

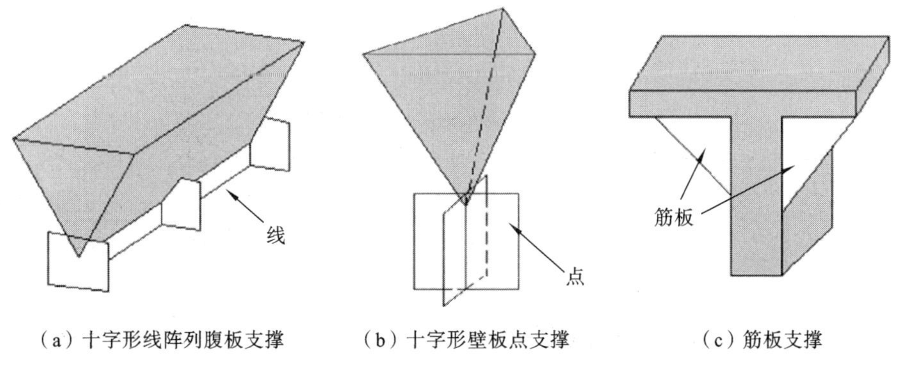

（a）十字形线阵列腹板支撑　（b）十字形壁板点支撑　（c）筋板支撑

图 3-14　倒金字塔零件的 SLA 支撑

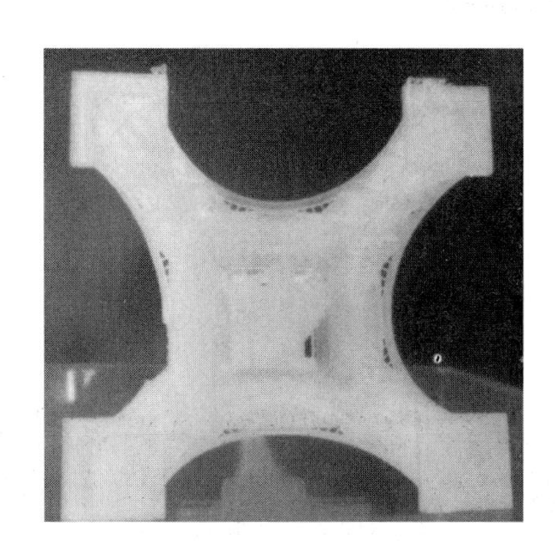

（a）宝塔的正视图　（b）宝塔的底视图

图 3-15　宝塔的中间托起平面的 SLA 网状支撑

3.3　FDM 的支撑部件

图 3-16 所示为 FDM 的托盘支撑。图 3-17 所示为 FDM 的多种支撑物。

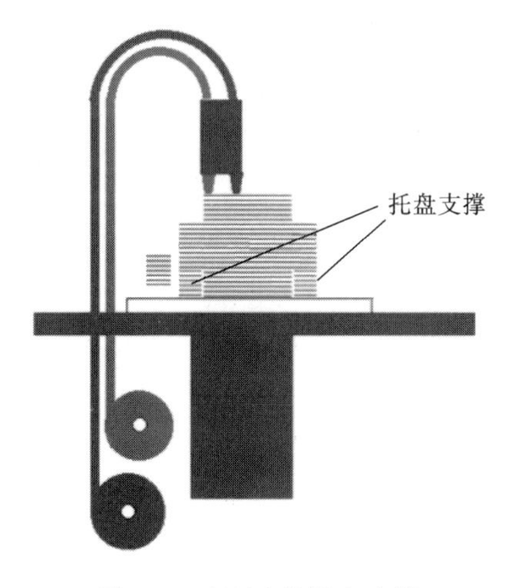

图 3-16　FDM 的托盘支撑

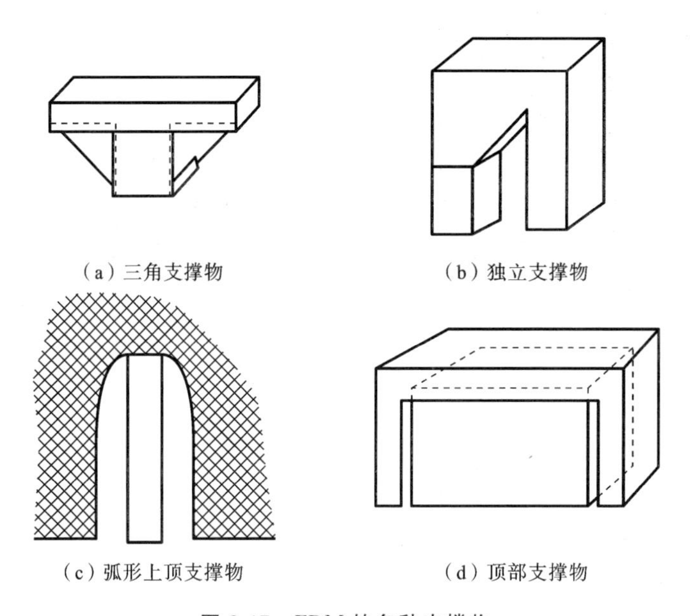

图 3-17　FDM 的多种支撑物

以下是几种零件的 FDM 支撑。图 3-18 所示为工字形零件的 FDM 支撑。图 3-19 所示为复杂零件的 FDM 支撑。图 3-20 所示为 FDM 加工椅子的支撑。图 3-21 所示为 FDM 加工茶壶的支撑。图 3-22 所示为 FDM 加工汤勺的支撑。

图 3-18　工字形零件的 FDM 支撑

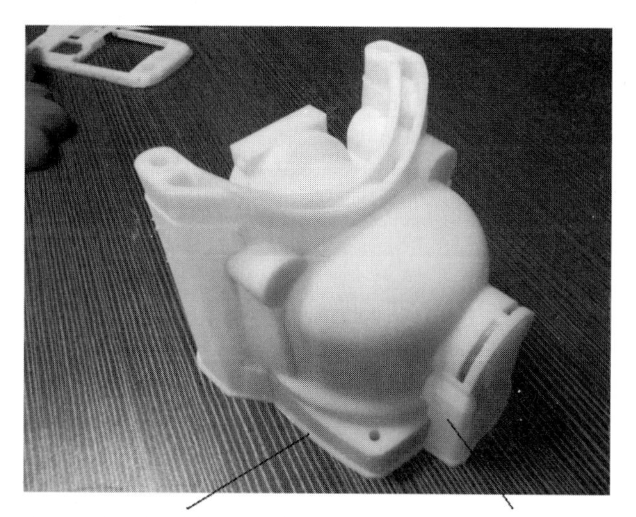

图 3-19　复杂零件的 FDM 支撑

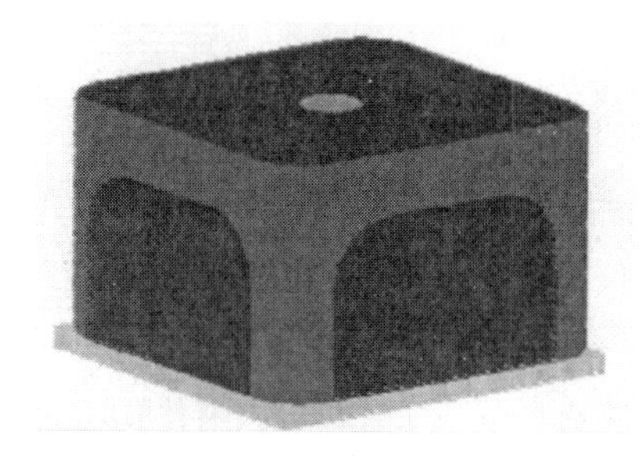

（a）软件加支撑

（b）FDM打印实物

图 3-20　FDM 加工椅子的支撑

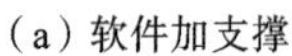

(a) 软件加支撑　　(b) FDM打印实物

图 3-21　FDM 加工茶壶的支撑

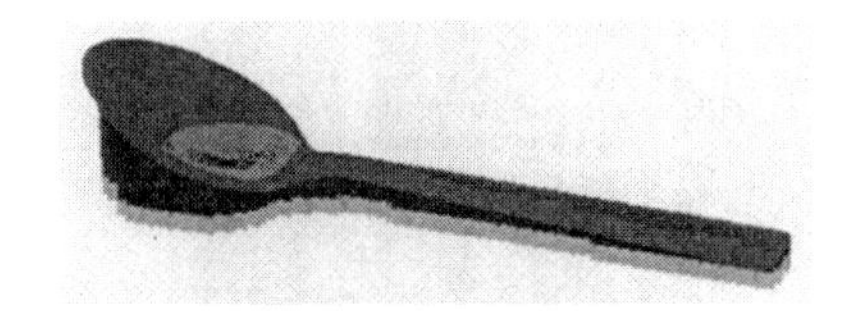

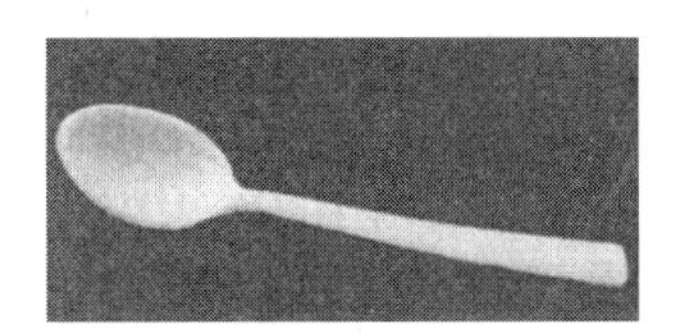

(a) 软件加支撑　　(b) FDM打印实物

图 3-22　FDM 加工汤勺的支撑

3.4　LOM 的支撑部件

LOM 工艺主要采用基础面支撑,在中间过程中工件将已加工部分作为支撑。图 3-23 所示为 Custom Part. net 的 LOM 机器。

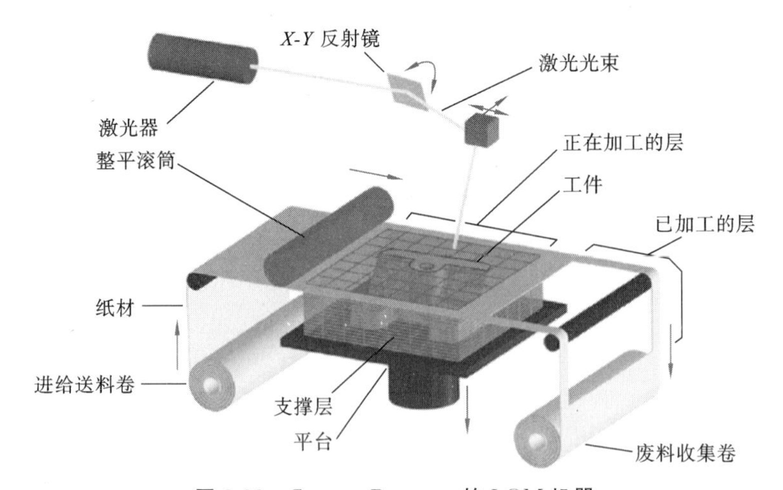

图 3-23　Custom Part. net 的 LOM 机器

3.5 SLM的支撑部件

SLM工艺中基体与未被加工的粉末作为支撑,如图3-24和图3-25所示。

图3-24 短加工件的SLM支撑

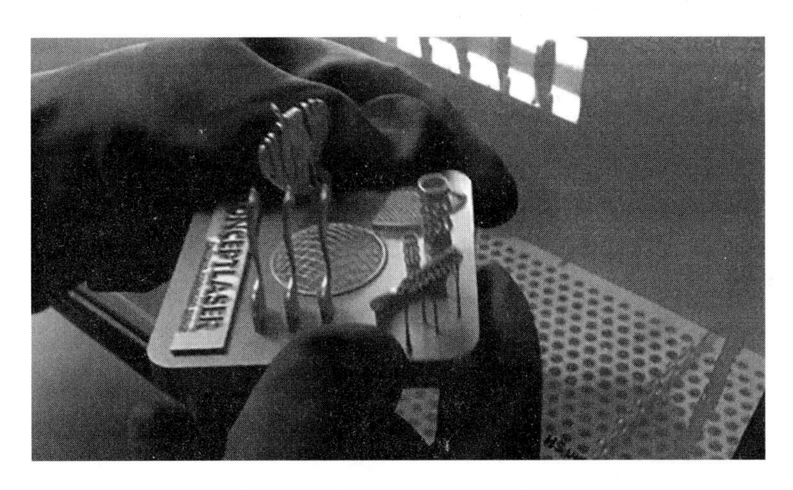

图3-25 长加工件的SLM支撑

在粉末床上进行激光烧结时,很多场合中粉末没有完全融化,加工工件的残余应力大。大的残余应力导致的变形影响加工精度,支撑要牢牢贴附在第一层接触的基体上,这样要增大支撑的面积,使加工过程中工件不易发生变形。采用这种支撑方法,较难从基体移走支撑,要通过切割等机械方式处理。

在SLM工艺中,用锯的方式去除支撑,如图3-26所示。

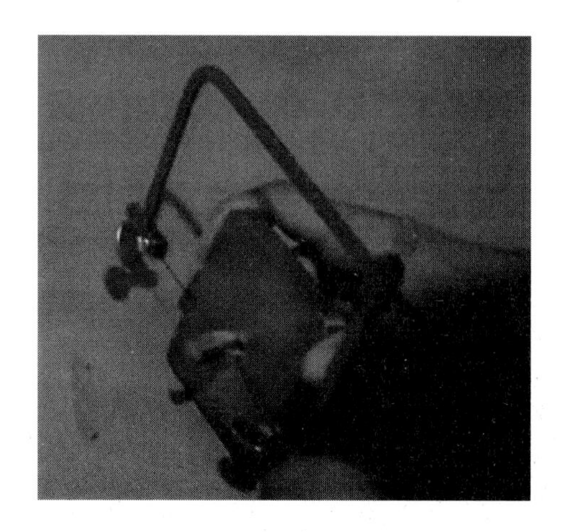

图 3-26　用锯的方式去除支撑

3.6　EBM 的支撑部件

EBM 预热温度高，加热的温差小，残余应力低，所需支撑少，设计时仅用凹槽阵列就可支撑。用手稍微掰一下，或稍微敲打一下就可去除支撑。如图 3-27 所示，采用敲打方式去除支撑，不需要用线切割方式割掉支撑。

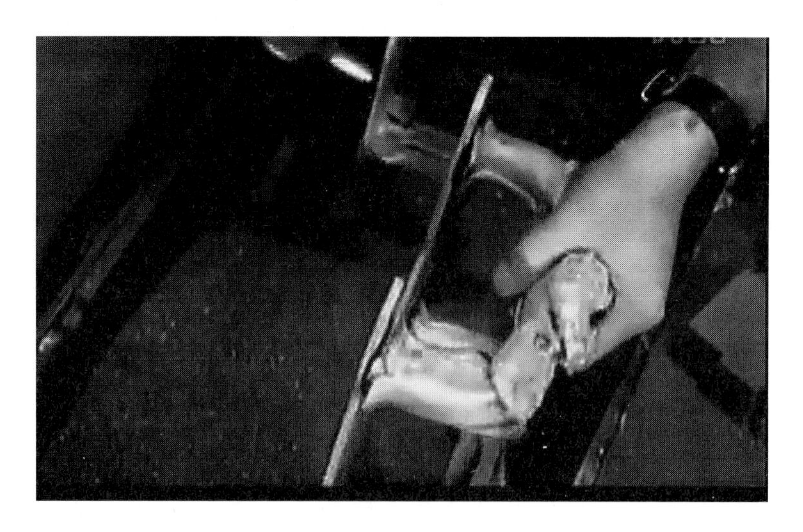

图 3-27　采用敲打方式去除支撑

由于预热后金属粉末呈烧结状态，轻微凝固在平台上，要用喷砂清理去除，但喷不到的部分难以去除。

3.7 3DP的支撑部件

3DP工艺通过喷黏结剂实现打印，平台与未黏结的粉末作为支撑，如图3-28所示。由于没有热变形产生的残余应力，3DP工艺不需要额外的支撑。

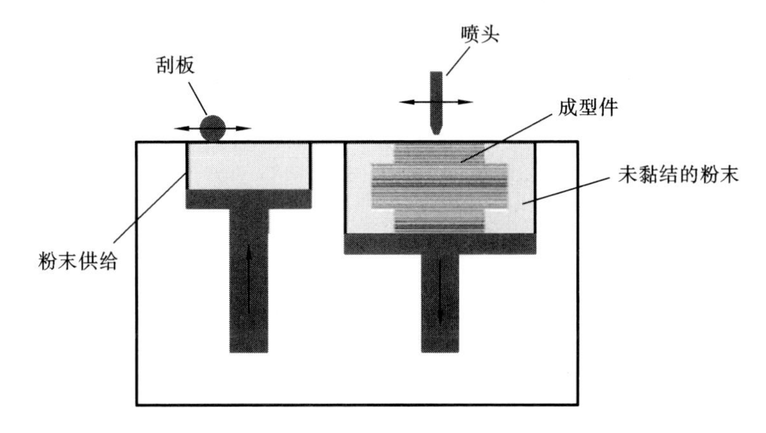

图3-28 3DP工艺中平台与未黏结的粉末作为支撑

本章参考文献

[1] OSAKADA K,SHIOMI M. Flexible manufacturing of metallic products by selective laser melting of powder[J]. International Journal of Machine Tools and Manufacture,2006,46(11):1188-1193.

[2] JÄRVINEN J P, MATILAINEN V, LI X Y, et al. Characterization of effect of support structures in laser additive manufacturing of stainless steel[J]. Physics Procedia,2014,56:72-81.

[3] HUSSEIN A,HAO L,YAN C Z,et al. Advanced lattice support structures for metal additive manufacturing[J]. Journal of Materials Processing Technology,2013,213(7):1019-1026.

[4] JHABVALA J, BOILLAT E, ANDRÉ C, et al. An innovative method to build support structures with a pulsed laser in the selective laser melting

process[J]. The International Journal of Advanced Manufacturing Technology,2012,59:137-142.

[5] 洪军,李涤尘,唐一平,等.快速成型中的支撑结构设计策略研究[J].西安交通大学学报,2000,34(9):58-61.

[6] 黄常标,林俊义,江开勇.逆向分层自动添加支撑的算法和实现[J].机械设计与制造,2003(6):71-73.

[7] CHUA C K,LEONG K F,LIM C S. Rapid prototyping:principles and applications[M]. 2nd ed. Singapore:World Scientific Publishing Company, 2003.

[8] MEAKIN J R,SHEPHERD D E T,HUKINS D W L. Fused deposition models from CT scans[J]. The British Journal of Radiology,2004,7(10):1250-1261.

[9] 洪军,唐一平,武殿梁,等.快速成型中零件水平下表面支撑设计规则的研究[J],西安交通大学学报,2004,38(3):234-238.

[10] 董涛,侯丽雅,朱丽.快速成型制造中的工艺支撑自动生成技术[J].上海交通大学学报,2002,36(7):1044-1048.

[11] LI L M. Analysis and fabrication of FDM prototypes with locally controlled properties[D]. Calgary:University of Calgary, 2002.

[12] KUZMAN K,NARDIN B,KOVAČ M,et al. The integration of rapid prototyping and CAE in mould manufacturing[J]. Journal of Materials Processing Technology, 2001,111(1-3): 279-285.

[13] GIBSON I, ROSEN D, STUCKER B. Additive manufacturing technologies: 3D printing, rapid prototyping, and direct digital manufacturing[M]. 2nd ed. New York:Springer Science+Business Media,2015.

第4章 打印头部件

4.1 FDM 打印头部件

FDM 打印头由送丝机构、加热机构和喷嘴组成，如图 4-1 所示。

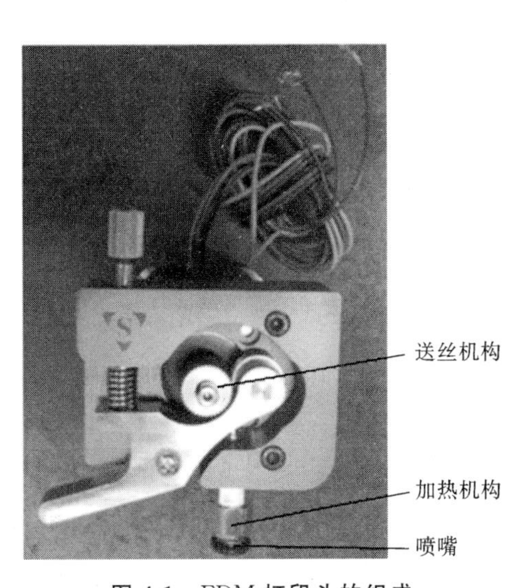

图 4-1 FDM 打印头的组成

4.1.1 FDM 打印头的分类

市场上，FDM 打印头分为单打印头、双打印头和三打印头三种类型。它们的实物图分别如图 4-2、图 4-3、图 4-4 所示。

4.1.2 FDM 打印头送丝机构

送丝机构是 FDM 打印头的重要组成部分，丝状材料即丝材通过导向套筒进入送丝机构，送丝机构将丝材送入喷头加热器，对丝材进行加热。一般情况

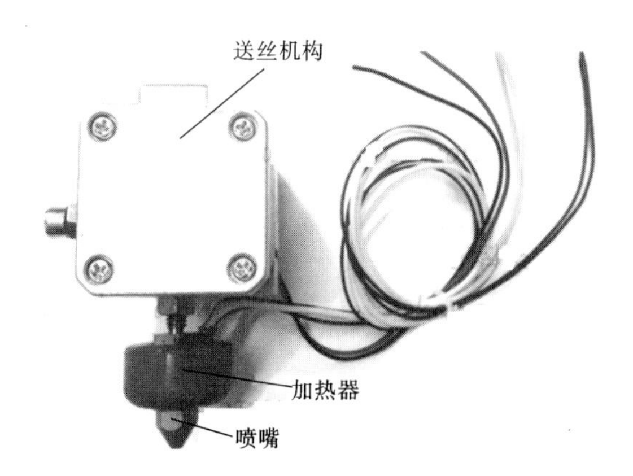

图 4-2　单打印头实物图

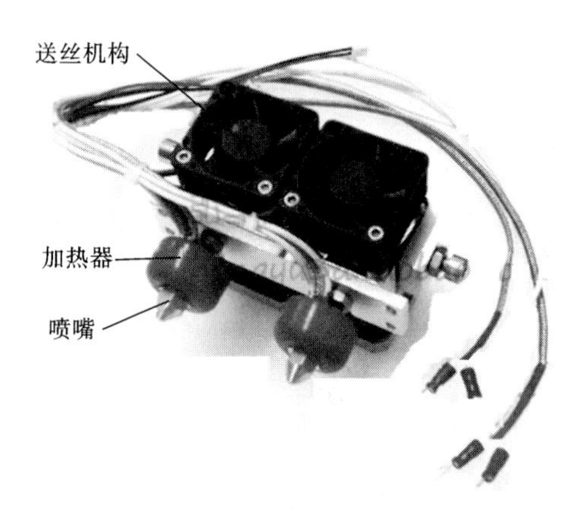

图 4-3　双打印头实物图

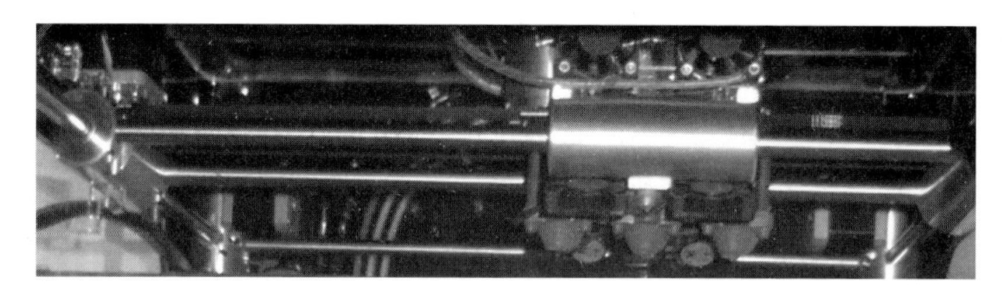

图 4-4　三打印头实物图

下，送丝机构根据驱动方式的不同分为单驱动轮送丝机构和双驱动轮送丝机构两种。

1. 单驱动轮送丝机构

单驱动轮送丝机构，用两个直径相等、表面粗糙度一致的驱动轮夹紧丝材，其中一个驱动轮是主动轮，用来提供移动的导线所需的摩擦力即驱动力，另一个驱动轮是从动轮。驱动力应足够大，要大于熔融态丝材的流动阻力，以喷出丝材。图 4-5 所示为单驱动轮送丝机构示意图。图 4-6 所示为单驱动轮送丝机构实物图。

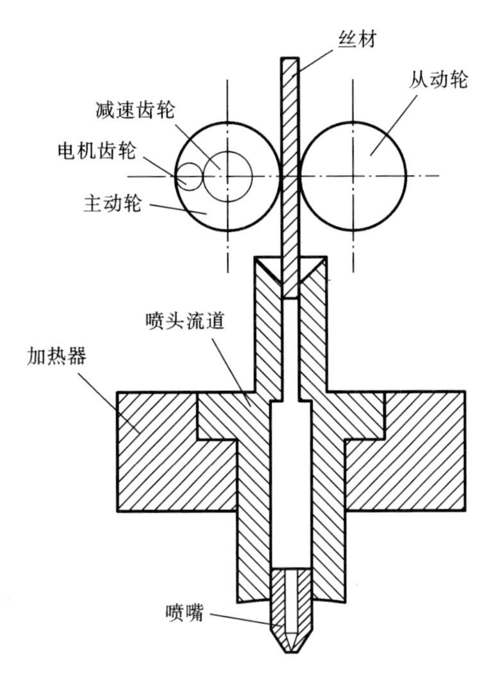

图 4-5 单驱动轮送丝机构示意图

图 4-6 单驱动轮送丝机构实物图

单驱动轮送丝机构由电机产生动力，通过电机齿轮及减速齿轮带动主动轮转动。单驱动轮送丝机构产生驱动力的原理是：主动轮与丝材之间会产生摩擦力，该摩擦力就是驱动力，以静摩擦力为主。丝材运动带动从动轮转动，从而丝材可以顺利进入加热器并被加热。但是这样的设计存在着不足：

（1）驱动力不足，只有一个主动轮提供的摩擦力作为丝材所需的驱动力，从动轮与丝材之间的摩擦力相当于阻力，容易出现打滑现象；

（2）由于丝材受到主动轮与从动轮的力不同，丝材受力不均，变形严重。

2. 双驱动轮送丝机构

图 4-7 所示为双驱动轮送丝机构的结构图。图 4-8 所示为双驱动轮送丝机

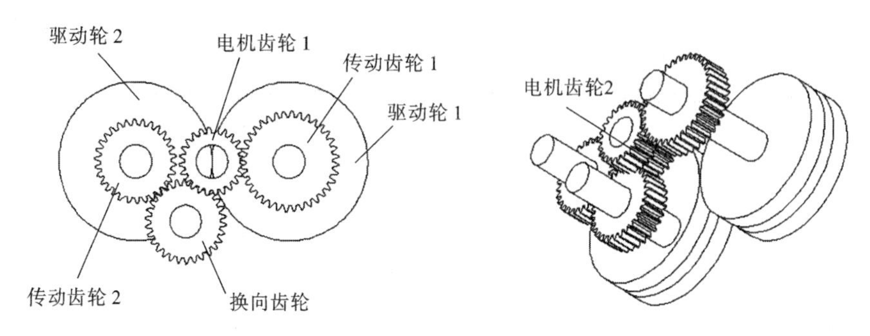

图 4-7　双驱动轮送丝机构的结构图

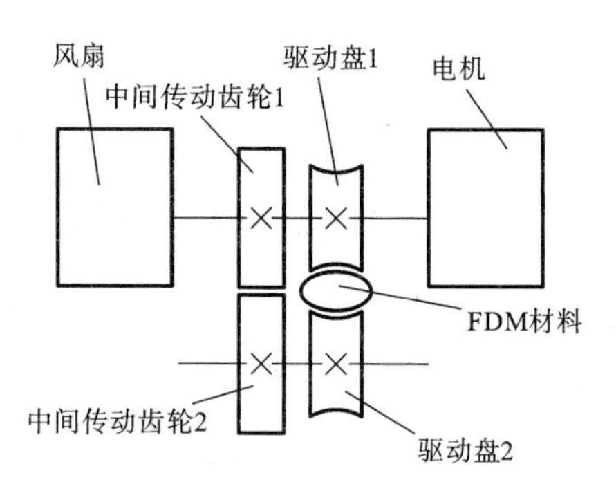

图 4-8　双驱动轮送丝机构的工作原理图

构的工作原理图。

双驱动轮送丝机构采用双驱动轮驱动方式，通过两个驱动轮对丝材同时产生压力，作用机理和单驱动轮送丝机构的作用机理一样，产生两个摩擦（驱动）力，使丝材运动。驱动电机可以是一个，也可以是两个。如果采用两个电机，则打印头所占的空间比较大，质量也随之增大，电路结构也会更加复杂。如果采用一个电机，该电机通过齿轮组传递动力，将两个驱动轮集成在一起，可节约空间。由一个电机提供动力，通过齿轮将动力传递给两个加紧丝的传动齿轮，最终带动两个驱动轮转动。采用两个驱动轮时运动方向必须是相反的，其中一个驱动轮需要经过一次换向，两个齿轮的大小可不同，但两个驱动轮与丝材接触点的线速度是一致的。

双驱动轮送丝机构的驱动力较大，降低了丝材打滑的概率。丝材由于受到两个驱动轮的作用力是相同的，因此不会发生严重的变形。

为了保证送丝的效果，将两个驱动轮的间距设计得非常小，增大两个驱动轮与丝材之间的压力，就会获得更大的驱动力。

FDM 打印头送丝机构靠一对驱动轮（单驱动轮与一个惰轮，或者双驱动轮）牢固地夹持住丝材，并由电机带动这对驱动轮运动，通过摩擦力的驱动使丝材以一定的速度送进喷头中加热并熔化。通过控制挤出轮的运动速度来控制丝材的流量。将驱动轮表面做成凹陷状，一方面是为了使驱动轮和丝材之间有足够大的接触面积，这样可以有效地防止丝材打滑，另一方面便于稳定地夹持丝材。为了增大驱动力，驱动轮还可设计成 V 形轮、橡胶轮等。图 4-9 所示为普通驱动轮。

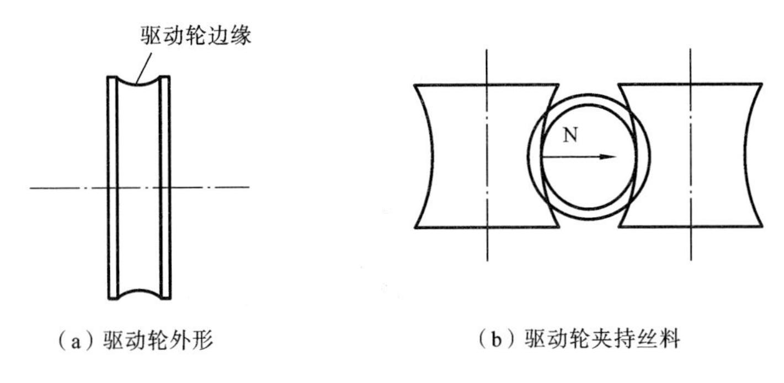

图 4-9　普通驱动轮

普通驱动轮的边缘的曲率半径比丝材的半径大一点，这样可有效地防止打滑和脱丝。普通驱动轮表面比较光滑，它与丝材的接触摩擦属于光滑摩擦，这使得它们之间的摩擦力比较小，容易出现打滑的现象，从而导致“送丝紊乱”，严重影响成型速度及成型件的质量。

在普通的驱动轮边缘上面加一层橡胶，形成橡胶轮，如图 4-10(a)所示。这种方法可使摩擦系数增大。在普通凹轮提供驱动力不足或者经常发生打滑的情况下，宜采用橡胶轮。

橡胶在不断变化的摩擦力的作用下很快就会老化失效，严重缩短了橡胶轮的使用寿命。同时橡胶轮和丝材之间会发生局部的动摩擦，产生大量的热，使得周围的温度升高，导致橡胶的使用寿命缩短。

如果将驱动轮与丝材接触的部分设计成 V 形，则当 V 形轮的夹角比较小时，V 形轮对丝材的正压力将会显著增大，可以有效地增大驱动力，如图 4-10(b)所示。

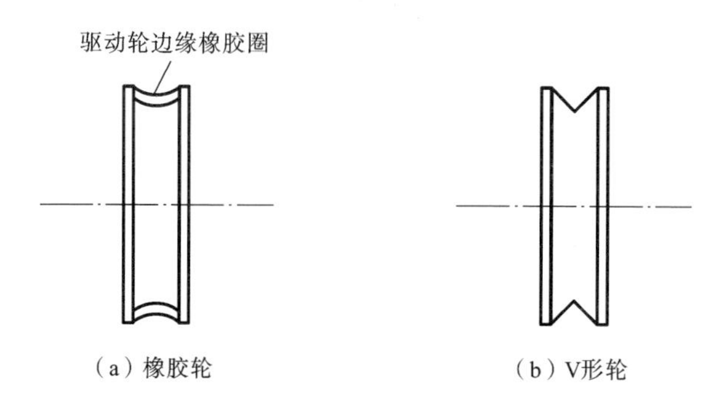

（a）橡胶轮　　（b）V形轮

图 4-10　橡胶轮与 V 形轮

4.1.3　FDM 打印头加热器及喷嘴

图 4-11 所示为发热管加热器。

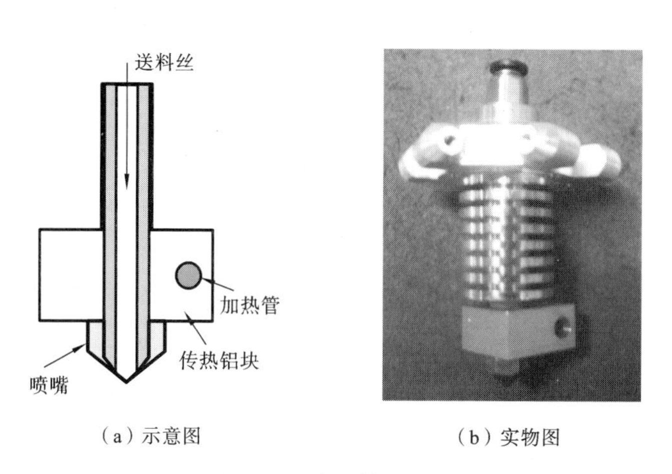

（a）示意图　　（b）实物图

图 4-11　发热管加热器

图 4-12 所示为双驱动轮送丝机构与加热器。图 4-13 所示为螺线丝加热器。

1. 流道的长度

流道的长度需要一个比较合理的值才可以保证 FDM 打印机打印出高质量成型件。在 FDM 加热器内，为使丝材充分受热，丝材在加热器中的停留时间较长，这样丝材才能充分熔化，变成熔融态，因此流道要较长。如果将熔化的丝材近似看成流体，则流道的长度、流体的速度和其所受到的阻力是成正比的。在

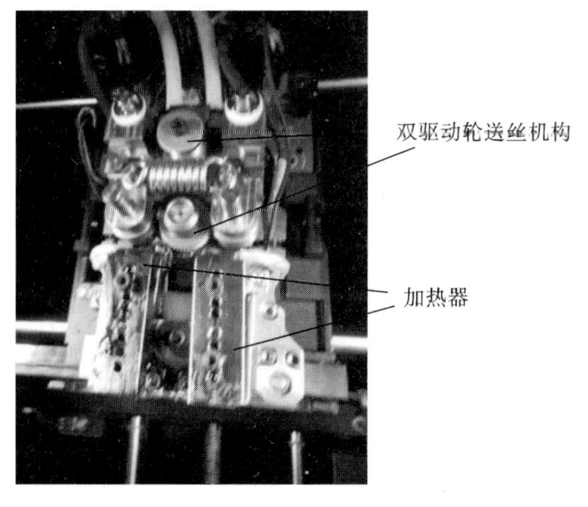

图 4-12　双驱动轮送丝机构与加热器

（a）螺线丝

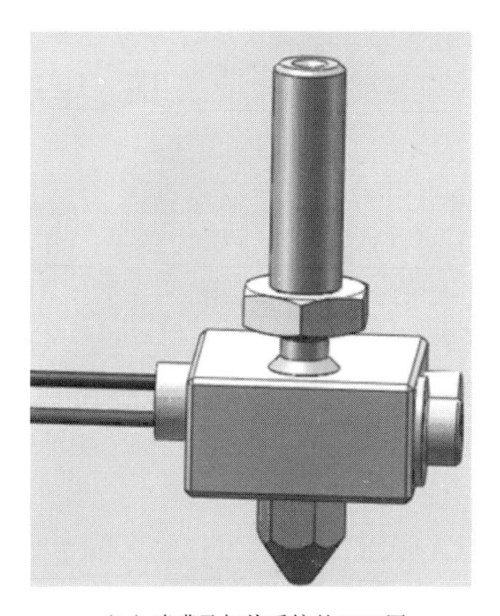

（b）喷嘴及加热系统的CAD图

（c）喷嘴及加热系统的实物图

图 4-13　螺线丝加热器

该阻力大于驱动力的情况下，熔融态丝材不会被挤出，从而出现阻塞现象。喷嘴喷出丝材的驱动力是通过未熔丝材对已熔丝材实施的推压来实现的，但是已熔丝材具有黏弹性，流道越长，黏弹效果越显著，摩擦阻力越大，驱动轮容易出现严重滞后的现象。也就是说，喷头开始扫描时，喷嘴没有及时出丝，喷头停止扫描时，喷嘴仍然在出丝，这就会造成送丝与出丝之间的延时，从而导致所加工的成型件不满足设计要求。

FDM 喷嘴设计如图 4-14 所示。

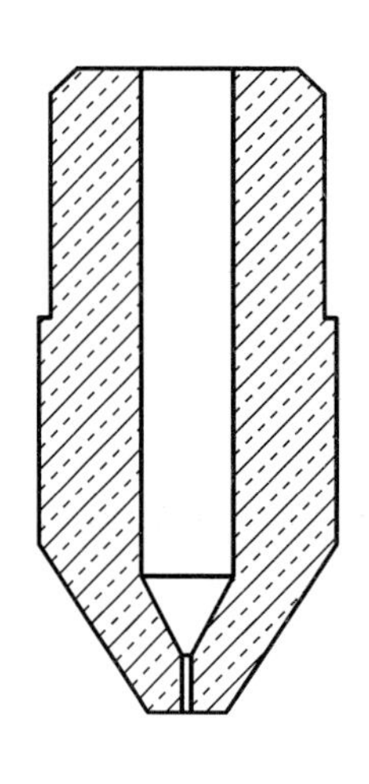

（a）喷嘴的剖面图

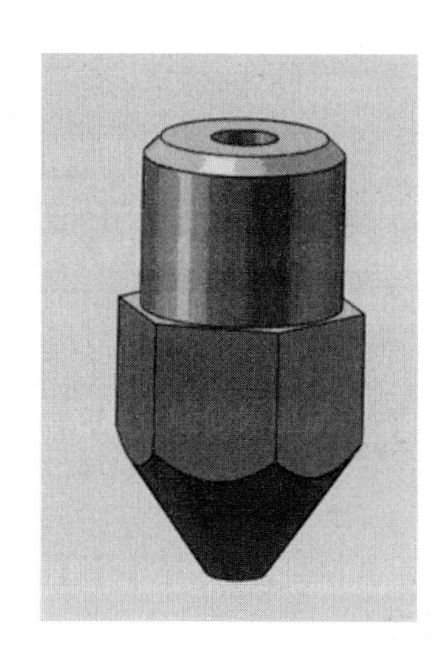

（b）喷嘴的CAD图

图 4-14 FDM 喷嘴设计

2. 黏度

在 FDM 打印过程中，丝材的流变行为对加工性能的影响主要体现在丝材熔体在加热腔中的熔化阶段及熔化后丝材的输送阶段。熔体在加热腔中的挤出过程导致成型失败的主要表现是喷头堵塞，主要原因是熔体黏度过大。如果黏度过小，经喷嘴挤出的丝材将像水一样流出，根本不需要驱动力的作用，仅依靠自身的重力就可以流出，形成“流滴”，不容易控制。也就是说，黏度过大或过小都会导致成型失败，应使黏度保持在合适的范围内。适当降低熔体的黏度，可以减小熔体在喷头内的阻力，但过度地降低黏度，易产生“流滴”。常见的影响丝材流变行为的因素有：温度、压力、剪切速率、剪切力及熔丝的结构。在 FDM 打印机中，最重要的是，可以通过控制温度来改变熔体的黏度。

喷嘴与流道实物如图 4-15 所示。

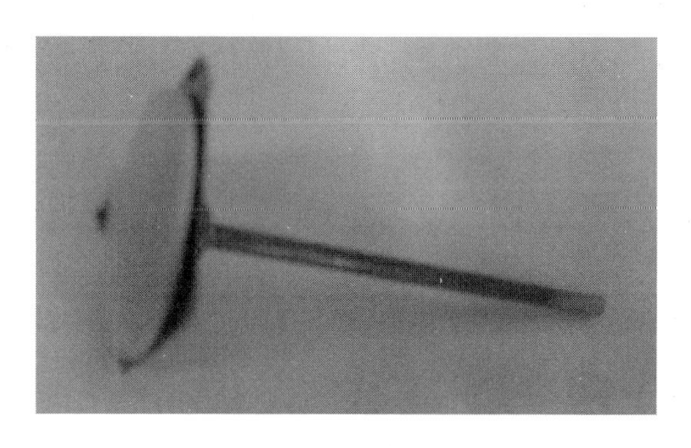

图 4-15 喷嘴与流道实物

3. 温度对黏度的影响分析

温度对流体黏度的影响较大。将热塑性聚合物熔体作为流体，其黏度随温度升高而减小，随温度降低而增大。

FDM 工艺有着极为严格的温度要求，喷嘴出丝温度和成型室环境温度必须处于一定范围内，而且一旦设定温度，必须保证该温度处于相对稳定状态，不能发生大的波动，否则将影响成型件的质量及成型件的精度，会加工出不符合设计要求的零件。在加热器内安装一个灵敏度比较大的温度传感器。当温度过低时，加热器就开始工作，产生热量，使温度升高。当温度达到或者超过预设的温度时，通过传感器把信号传给温度控制系统（见图 4-16），断开加热电路，使加热器减小加热的功率甚至停止工作。温度控制系统采用比例-积分-微分（PID）控制，维持 FDM 工艺设定的加工温度。

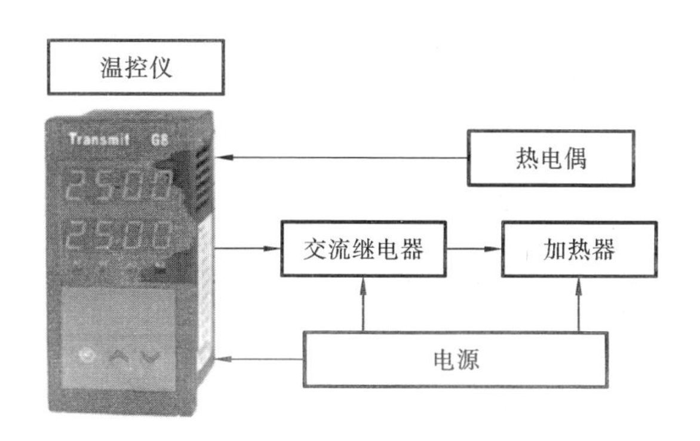

图 4-16 温度控制系统

喷墨打印机的“墨水”,必须保持在流体的状态下才可以正常喷射。喷射装置的工作温度高于“墨水”的熔点,一方面可以使“墨水”保持流体的状态,防止固态的墨水阻塞喷嘴,另一方面可以提高“墨水”的流动性,减小流动时产生的摩擦阻力,使其更容易喷射出来。

温度控制系统可以使系统温度保持在设定的温度范围内,控制范围具有准确性。对于必须要超过一定温度才能喷射的流体,必须考虑温度变化对喷射过程的影响,这是因为流体的黏度对温度十分敏感。

4.1.4 FDM 双打印头总体结构

FDM 双打印头总体结构主要包括:送丝机构、加热器、温度监测器和喷嘴。图 4-17 所示为 FDM 双打印头总体装配图。图 4-18 所示为 FDM 双打印头内部结构图。

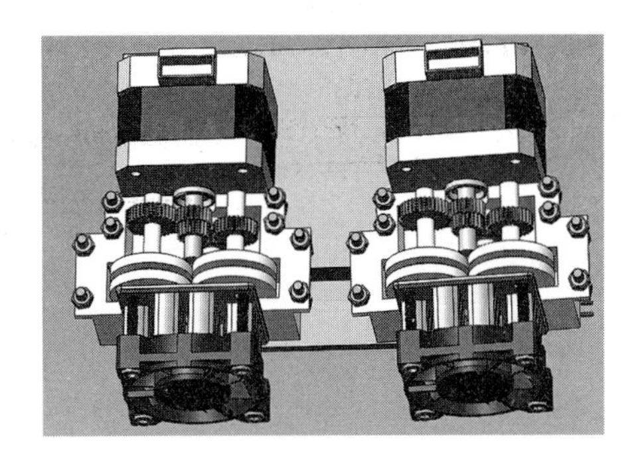

图 4-17　FDM 双打印头总体装配图

图 4-18　FDM 双打印头内部结构图

4.2 3DP 打印头部件

3DP 工艺最初是由美国麻省理工学院开发的一种增材制造工艺。它使用固体粉末材料,通过喷射黏结剂,使粉末材料依次固化,进行分层沉积。

3DP 打印与 FDM 打印相似,只是使用的打印材料通常是功能性“墨水”,而不是丝材。

4.2.1 喷墨打印机的工作原理

增材制造中喷墨打印方法包括直接材料喷射与油墨黏结剂喷射。它们都是通过打印头喷嘴喷出的。

喷墨打印技术是从喷嘴喷射微滴材料，按设计的路径逐层喷射、固化成型，直到加工出一个完整的三维产品或零件。喷墨打印技术在医学模型制造、生物制药等领域得到了广泛应用。

喷墨打印技术主要包括黏结成型 3D 喷墨打印技术和光固化 3D 喷墨打印技术。

(1) 黏结成型 3D 喷墨打印技术。

1997 年，美国 Z Corporation 公司开发出黏结成形 3D 喷墨打印技术，它首先根据分层信息，由程序控制喷头的运动，在已经铺好粉末的工作平台上，按照规定的路径，喷射黏结剂，固化形成截面层，最后逐层堆砌，直到形成三维产品或零件。

(2) 光固化 3D 喷墨打印技术。

光固化 3D 喷墨打印技术是利用光敏材料，将喷射技术和光固化技术相结合的成型技术。其成型精度高，但是可以用于该技术的光固化材料比较少。

在喷墨打印技术中，喷嘴按照规定的路径将熔融态固体材料，喷射出来，逐层积累，直到完成零件或者产品的加工，如图 4-19 所示。它和 FDM 工艺相似，一般采用两个喷嘴的设计，其中一个用于喷射成型材料，另一个用于喷射支撑材料。这两个喷嘴能根据截面轮廓信息，在计算机控制下按照已经规划好的路径，选择性地喷射"墨水"，再逐层堆砌加工，最终形成三维产品或者零件。

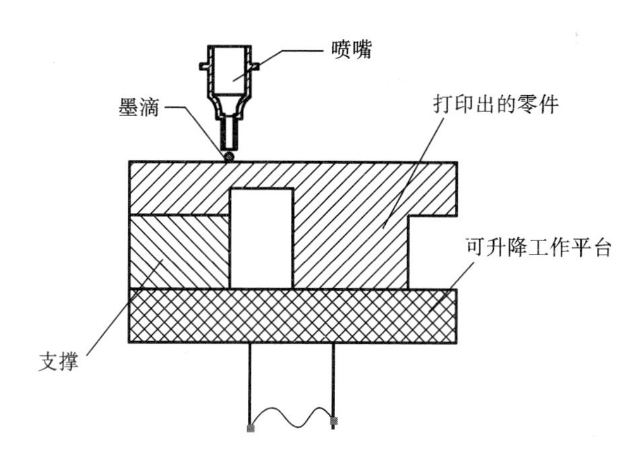

图 4-19　喷墨打印机工作原理图

喷墨成型的优势主要表现在以下几个方面：

(1) 不会产生挥发性气体以及有毒物质，工作环境比较安全；

(2) 固化时间比较短，效率比较高；

(3) 对光固化的喷墨打印机用照射灯固化；

(4) 每滴“墨水”都能有效喷射在成型材料或支撑材料上。

4.2.2 喷墨打印方式

液体喷墨打印技术包括连续喷墨(continuous ink jet,CIJ)和按需喷墨(droplet on demand,DOD)两种方式。液体喷墨打印技术一般采用按需喷墨方式，如图 4-20 所示。

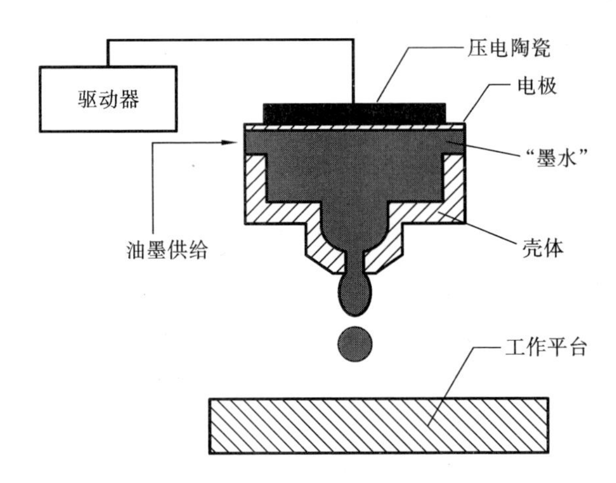

图 4-20 按需喷墨原理

按需喷墨方式是指按照实际需求进行打印。通过计算机系统的控制，在传感器的作用下，按照实际需求喷射墨滴。打印头按照预定的轨迹移动，将墨滴喷射到工作平台上。没有多余的墨滴喷出，不会造成墨滴的浪费，该方式不需要回收系统。

4.2.3 喷墨打印驱动方式的选择

根据驱动方式的不同，喷墨打印技术分为热发泡式和压电式两种类型。

1. 热发泡式喷墨打印技术

热发泡式喷墨打印技术通过喷头内的加热组件实现喷墨。该加热组件的特点是：加热速度快，可以在几微秒内迅速将周围很小的一片区域加热到能产生气泡的温度。喷头内的加热组件附近的液态“墨水”在高温的作用下迅速气化，形成气泡，该气泡有一层薄膜，该薄膜将“墨水”和加热组件隔离，以避免喷嘴内全部“墨水”被加热。当气泡膨胀到中等程度时加热组件停止加热，此时加热组件表面已经开始降温，但残留余热仍可以使气泡在几微秒内迅速膨胀，直至膨胀到最大的状态。在打印喷头内部使“墨水”流动的动力可以使“墨水”迅速地到达喷嘴。气泡膨胀到一定的程度就会破裂。已经从喷头挤出的“墨水”受到气泡破裂力量的推动及重力和惯性力的作用继续向前运动，而后端由于气泡的破裂形成了一个负压，使喷嘴处的“墨水”朝向喷嘴腔内运动，这时喷嘴内和喷嘴外的墨水分离，形成墨滴。墨水腔内的墨水，通过储墨区持续补充流入喷头内部。图4-21所示为热发泡式喷墨打印技术原理。

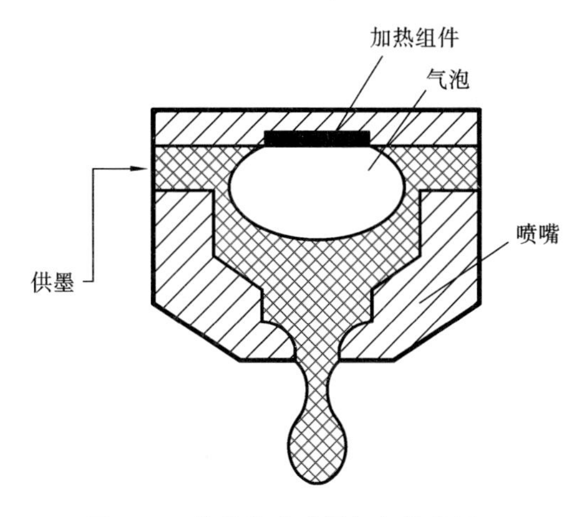

图4-21　热发泡式喷墨打印技术原理

图4-22所示为热发泡式喷墨打印技术的喷射过程。该过程包括：加热线圈通电、气泡形成、气泡长大、气泡破裂后喷出“墨水”。

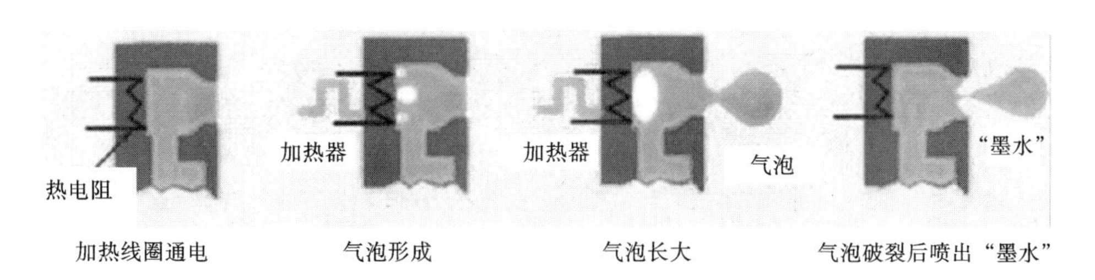

加热线圈通电　　气泡形成　　气泡长大　　气泡破裂后喷出“墨水”

图4-22　热发泡式喷墨打印技术的喷射过程

2. 压电式喷墨打印技术

利用压电陶瓷（由铅Pb、锆Zr、钽Ta等元素构成），通过向压电陶瓷片加交变的脉冲控制电压，使其产生前后形变，使喷嘴腔内的体积发生变化，从而产生压力推动“墨水”向喷嘴外部运动。

压电式滴落喷头有三种结构形式，即推杆式、弯曲式和剪切式，如图 4-23 所示。压电陶瓷片控制喷墨的过程如图 4-24 所示。

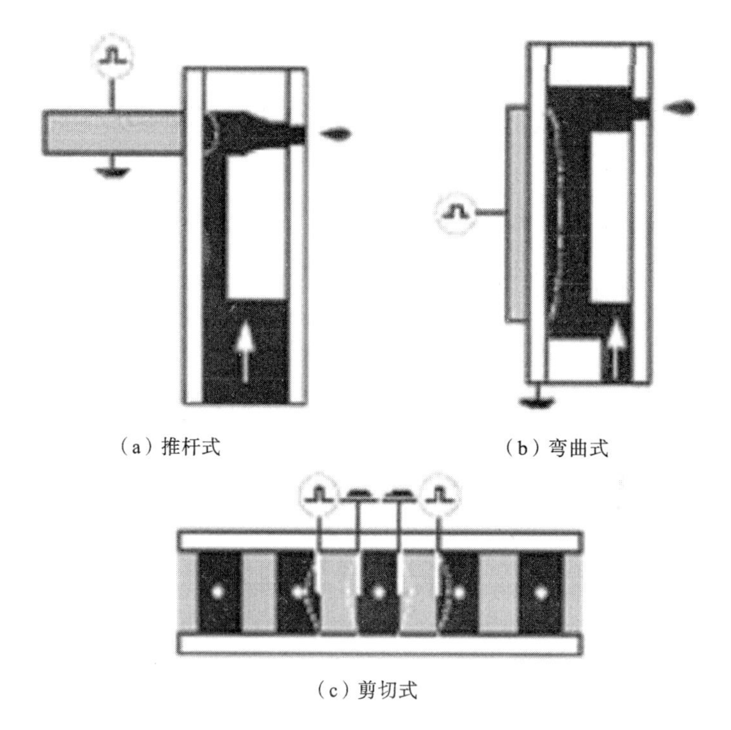

（a）推杆式　　（b）弯曲式

（c）剪切式

图 4-23　压电式滴落喷头

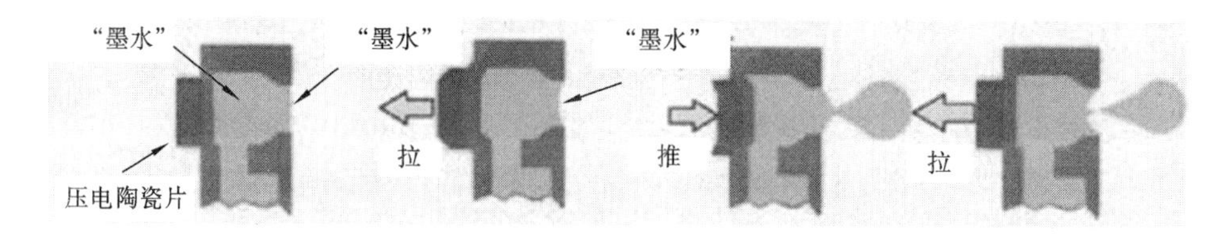

图 4-24　压电陶瓷片控制喷墨的过程

3. 热发泡式与压电式比较

热发泡式与压电式的对比如表 4-1 所示。

表 4-1　热发泡式与压电式的对比

驱 动 方 式	热 发 泡 式	压　电　式
热传导反应速度	慢	快
打印速度	缓慢	迅速
能否控制墨滴大小	不能	能
有无高温	有	无
墨水品质	较不稳定	稳定
电路驱动	较简单	较复杂
是否要定期更换喷头	是	否
喷墨有无延时	有	几乎无
“墨水”盒质量	较不稳定	较稳定
喷墨成型件质量	较低	较高

4.2.4　喷嘴的机械结构

一般情况下，喷嘴包括圆形喷嘴、圆锥形喷嘴及针形喷嘴。

1. 圆形喷嘴

圆形喷嘴如图 4-25 所示。随着载荷量的逐渐增大，喷墨速度逐渐增大。

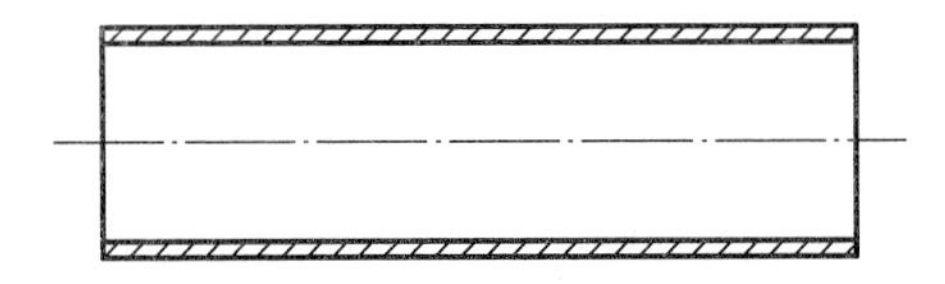

图 4-25　圆形喷嘴

2. 圆锥形喷嘴

圆锥形喷嘴如图 4-26 所示。随着载荷的逐渐增大，喷墨速度逐渐增大，随着喷口直径的逐渐减小，喷墨速度逐渐增大。使用这种圆锥形喷嘴，载荷的损失即阻力是比较大的，使得有效驱动力（有效驱动力＝驱动力－阻力）减小。

3. 针形喷嘴

针形喷嘴如图 4-27 所示。随着载荷的逐渐增大，喷墨速度逐渐增大。在相同的载荷下，喷墨速度随喷口长度的变化而变化，变化的量很小，但变化趋势复

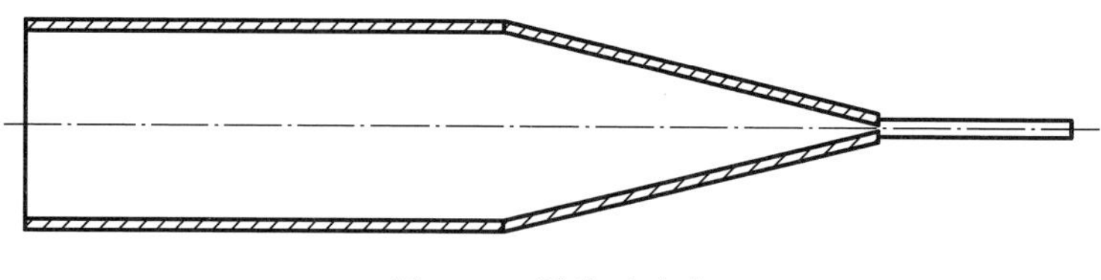

图 4-26 圆锥形喷嘴

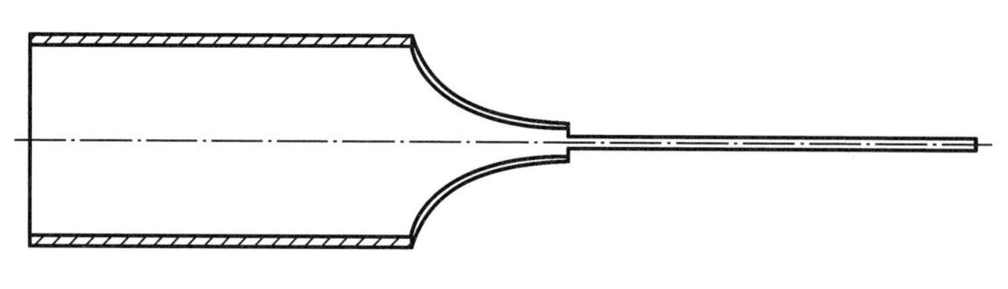

图 4-27 针形喷嘴

杂。喷墨速度随喷口直径的增大而逐渐减小，在高载荷下，喷墨速度发生突变，而在低载荷下，前后喷墨速度相差很小，基本保持一致。

本章参考文献

[1] LE H P. Progress and trends in ink-jet printing technology[J]. Journal of imaging science and technology,1998,42(1):46-62.

[2] BOGY D B,TALKE F E. Experimental and theoretical study of wave propagation phenomena in drop-on-demand ink jet devices[J]. IBM Journal of Research and Development,1984,28(3):314-321.

[3] DIJKSMAN J F. Hydrodynamics of small tubular pumps[J]. Journal of Fluid Mechanics,1984,139: 173-191.

[4] SACHS E,CIMA M,CORNIE J. Three-dimensional printing: rapid tooling and prototypes directly from a CAD model[J]. CIRP Annals,1990,39(1):201-204.

[5] 苏海，杨跃奎，詹肇麟，等.快速原型制造技术中的反求工程[J].昆明理工大学学报,2001,26(4):68-72.

[6] 谭永生. FDM 快速成型技术及其应用[J].航空制造技术,2000(1):26-28.

[7] SINGH M,HAVERINEN H M,DHAGAT P, et al. Inkjet printing-

process and its applications[J]. Advanced Materials, 2010, 22(6): 673-685.

[8] 吴良伟. CAD模型驱动高聚物熔融挤压快速成形技术研究[D]. 北京:清华大学,1998.

[9] GIBSON I, ROSEN D, STUCKER B. Additive manufacturing technologies: 3D printing, rapid prototyping, and direct digital manufacturing [M]. 2nd ed. New York:Springer Science+Business Media,2015.

[10] CHUA C K,LEONG K F,LIM C S. Rapid prototyping: principles and applications[M]. 2nd ed. Singapore:World Scientific Publishing Company,2003.

第5章 实体切片分层与封闭路径填充算法部件

5.1 STL 文件格式

STL 文件格式,是一种广泛使用的增材制造通用格式,它通过宝石镶嵌原理描述三维实体的表面几何形状。产品表面打印质量与文件分辨率有关。

STL 文件格式是一种中间数据格式,它表示几何实体的 CAD 文件,是生成增材制造设备能接受的打印文件格式。

STL 源自 stereolithography 单词,STL 文件是商用增材制造设备采用的第一个数据接口。1988 年,STL 文件格式最初出现在美国 3D Systems 公司生产的 SLA 设备中,但直到 20 世纪 90 年代,STL 文件格式才真正成为增材制造设备行业中的文件标准和增材制造设备广泛采用的数据接口。

5.1.1 STL 文件的结构

STL 文件是一种用大量空间小三角形面片逼近三维实体表面的数据模型,完整的 STL 文件记载了三维实体表面的所有三角形面片的法向量数据和顶点坐标数据的信息。如图 5-1 所示,圆柱的 STL 模型表面是由三角形面片组成的,每个三角形面片由一个单一的法向量和三个顶点坐标唯一标识。目前,STL 文件格式有两种,即二进制格式和 ASCII(American standard code for information interchange)格式。

从几何上看,每个三角形面片都用三角形的三个顶点坐标及三角形面片的法向量来描述,法向量由三维实体的内部指向外部。为保证模型的合法性、避免数据错误,STL 文件及其几何模型必须遵守一系列规则,一个正确的 STL 模型应满足如下规则。

(1) 右手规则:三个顶点组成的向量环与法向量符合右手规则。

(2) 共顶点规则:邻接的两个三角形面片只能公用两个顶点。

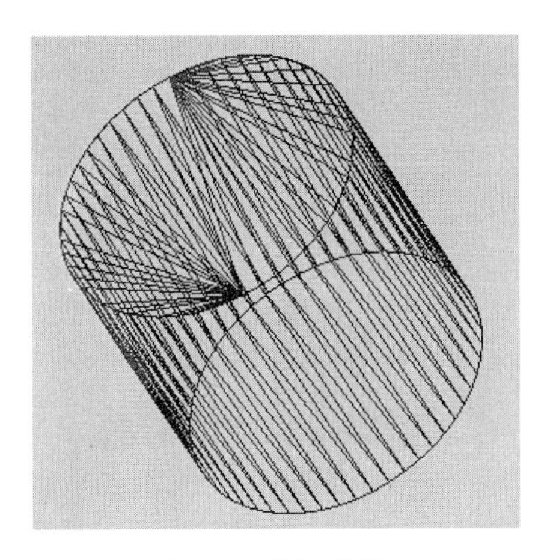

（a）圆柱的STL模型

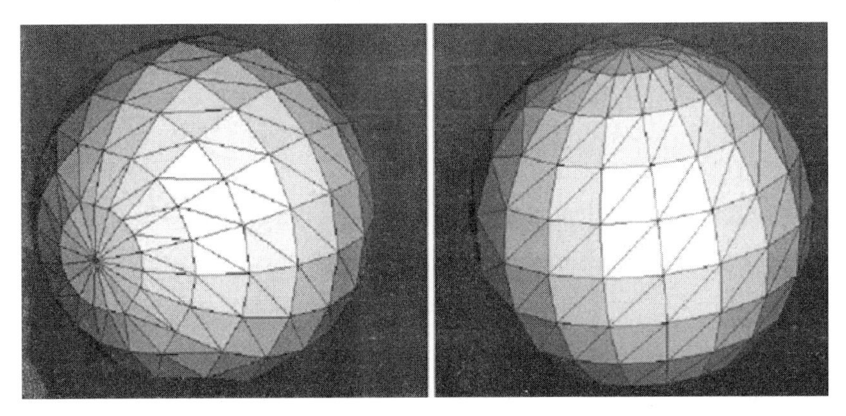

（b）球的STL模型

图5-1　STL模型

（3）相邻边规则：三角形的每一条边如果是共享边，有且只有两个邻接的三角形面片共享。

（4）相邻面规则：每个三角形面片有且只能有三个相邻的三角形面片。

对于以上规则，只要不满足其中任何一条，STL模型都可以视为不完整的或者有缺陷的，这些缺陷会影响后续的数据处理，严重的缺陷会导致数据处理的失败。根据缺陷的特点和产生原因，缺陷分为如下几类。

（1）法向量错误　违反了STL模型的右手规则，三角形面片的法向量与该面片顶点生成的法向量相反，造成法向量的方向不符合右手规则，造成歧义。

（2）不共顶点错误　违反了STL模型的共顶点规则，由于顶点不重合，每一对相邻的三角形面片公用顶点少于两个，此时三角形面片的顶点落在了相邻三角形面片的一条边上，但是没有出现裂缝。

(3) 重叠面片错误　在生成 STL 文件时，需要对顶点的坐标数值进行四舍五入的取整，当精度过低时，后续的读取会导致三角形面片重叠。

(4) 空洞缺陷　生成曲面时，三角形面片的丢失导致三维实体表面出现空洞。

二进制格式的 STL 文件通过固定的字节数来存储三角形面片的几何信息。该文件起始的 80 个字节是用于存储零件名的文件头；后面的 4 个字节的整数用于记录模型的三角形面片的数目，后面再逐个记录每个三角形面片的几何信息。每个三角形面片占用固定的 50 个字节，分别记录了三角形面片的法向量及其三个顶点的坐标，共占用了 48 个字节，最后两个字节用来描述三角形面片的属性信息。一个完整的二进制格式的 STL 文件的大小为三角形面片的数量乘以 50 再加上 84 个字节。

ASCII 格式的 STL 文件则是逐行记录三角形面片的几何信息的。每一行以一到两个关键字开头，例如，关键字 facet 是指一个带矢量方向的三角形面片，一系列这样的三角形面片构成了一个完整的 STL 模型。STL 文件的首行给出了文件路径及文件名。在 STL 文件中，每一个 facet 由 7 行数据构成，facet normal 是三角形面片的法向量坐标，三个顶点沿三角形面片的外法矢量方向逆时针排列，即法向量与三个顶点组成的向量环符合右手规则。图 5-2 所示为 ACSII 格式的 STL 文件的特征。

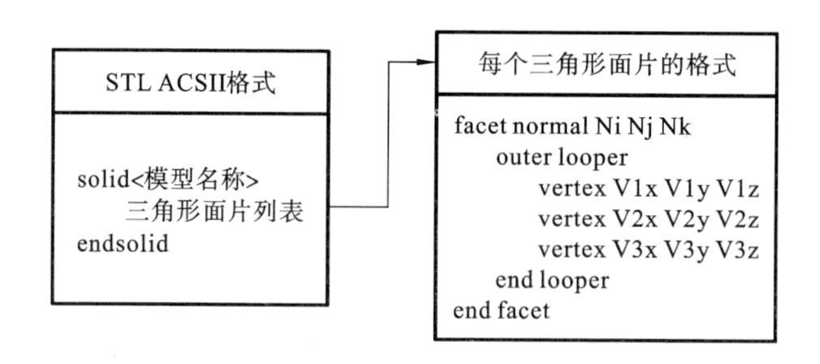

图 5-2　ACSII 格式的 STL 文件的特征

5.1.2　STL 文件数据读取与分析

二进制格式的 STL 文件所需的存储空间较小，只是 ASCII 格式的 1/5 左右，因此其可以节省存储空间，而 ASCII 格式的文件具有可读性。下面以

ASCII 格式的 STL 文件为例对文件进行读取，读取过程如图 5-3 所示。

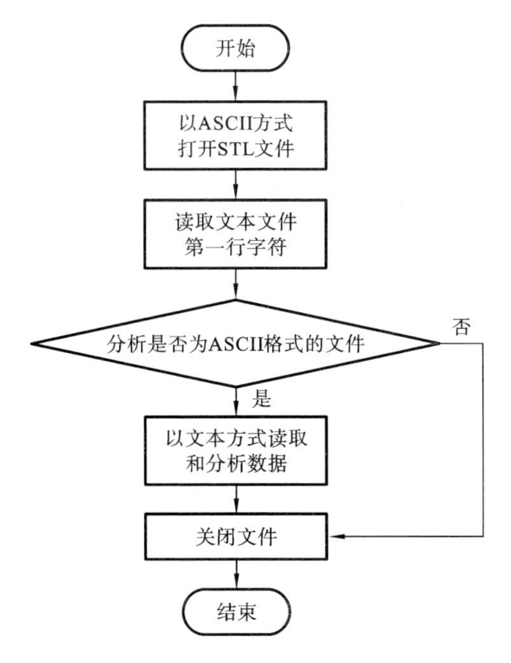

图 5-3 STL 文件的读取过程

进行 STL 文件分析时，STL 文件本身没有尺寸单位，因此增材制造设备的操作员必须要知道尺寸单位。

进行 STL 文件数据读取时，每个三角形面片总共用 12 个数字来描述。

5.2 STL 模型的切片与分层处理

增材制造工艺采用 CAD 软件得到三维模型的图形数据，通过增材制造设备分层软件对该三维模型进行切片分层处理，根据切片信息合理地规划每一层的加工路径，控制扫描头按照加工路径运动，由增材制造设备一层层打印，从而得到三维实体。

增材制造过程可以分为切片分层和材料堆积两个过程。切片分层过程是把三维模型沿某一方向（一般为 Z 轴方向）分为一系列厚度比较小的层，这些层可以视为二维平面，即切片。材料堆积过程是指通过增材制造设备的控制系统将分层后的切片平面数据逐层进行填充加工，各层有序堆积，层与层之间自动黏结，生成相应的三维实体。其中切片分层过程通过计算机处理实现，而材料堆积过程由制造过程实现。

STL文件要经过切片处理成截面轮廓数据，才能进入增材制造设备成型加工路线，如CLI、SLC等格式的文件，这些文件是增材制造设备能识别的切片数据文件。

5.2.1 STL模型分层与切片的流程

STL模型分层的流程通常为：根据输入的分层方向和厚度，求STL模型的三角形面片与切片平面的交线，并将交线首尾相连生成截面轮廓线。STL模型分层可以等距切片，也可以不等距切片，具体大小可以根据加工精度和加工时间的要求及增材制造设备的加工能力进一步确定。

STL模型切片的流程通常包括三个关键环节，即建立STL模型切片的数据结构、求三角形面片和切片平面的交线，以及将交线首尾相连生成截面轮廓线，如图5-4所示。

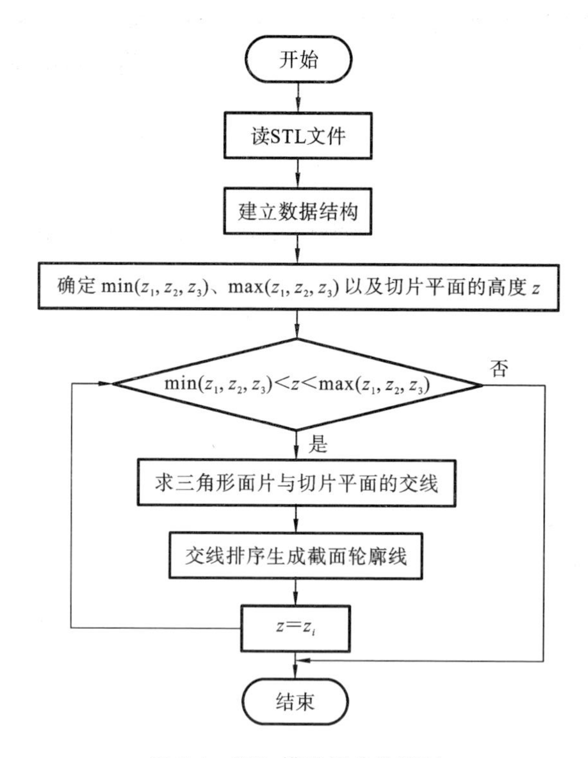

图5-4　STL模型切片的流程

5.2.2 三角形面片与切片平面求交

1. 三角形面片与切片平面的位置关系

(1) 三角形面片与切片平面相交时,一个顶点位于切片平面的上方或下方,另外两个顶点位于切片平面的下方或上方。在这种情况下,三角形面片与切片平面有两条边相交。

(2) 三角形面片的所有顶点都在切片平面的上方或下方,该三角形面片与切片平面不相交。

(3) 一个顶点直接位于切片平面内,其他两个顶点位于切片平面的上方或下方。

(4) 两个顶点位于切片平面内,即三角形面片的一条边位于切片平面内。

(5) 切片平面上有三个顶点,在这种情况下,整个三角形面片都躺在切片平面上。

2. 三角形面片与切片平面相交的判别

判别方法是对切片平面与三角形面片顶点的高度进行比较,取三角形面片三个顶点的 z 坐标值:z_1、z_2、z_3。再取切片平面的高度 z,如果 $z>\min(z_1,z_2,z_3)$ 且 $z<\max(z_1,z_2,z_3)$,则表明切片平面与三角形面片相交。

3. 三角形面片与切片平面交点的求法

切片平面不可能同时切割三角形面片的三条棱边,故需判别哪两条棱边与切片平面相交。取 $\text{mid}(z_1,z_2,z_3)$ 为 z_1、z_2、z_3 的居中值,通过判断 $\text{mid}(z_1,z_2,z_3)$ 与切片平面的高度 z 的大小,可确定与切片平面相交的三角形面片的两条棱边,即当 $z>\text{mid}(z_1,z_2,z_3)$ 时,与切片平面相交的三角形面片的两条棱边为过高度最大的顶点的三角形面片的两条棱边;当 $z<\text{mid}(z_1,z_2,z_3)$ 时,与切片平面相交的两条棱边为过高度最小的顶点的三角形面片的两条棱边。记被切棱边的顶点坐标分别为 (x_1,y_1,z_1)、(x_2,y_2,z_2),则相应的直线方程为

$$\frac{x-x_2}{x_1-x_2}=\frac{y-y_2}{y_1-y_2}=\frac{z-z_2}{z_1-z_2} \tag{5-1}$$

切片平面与三角形面片棱边的交点坐标为

$$\begin{cases} x=x_2+\dfrac{z-z_2}{z_1-z_2}(x_1-x_2) \\ y=y_2+\dfrac{z-z_2}{z_1-z_2}(y_1-y_2) \end{cases} \tag{5-2}$$

三角形面片与切片平面的相对位置如图 5-5 所示。

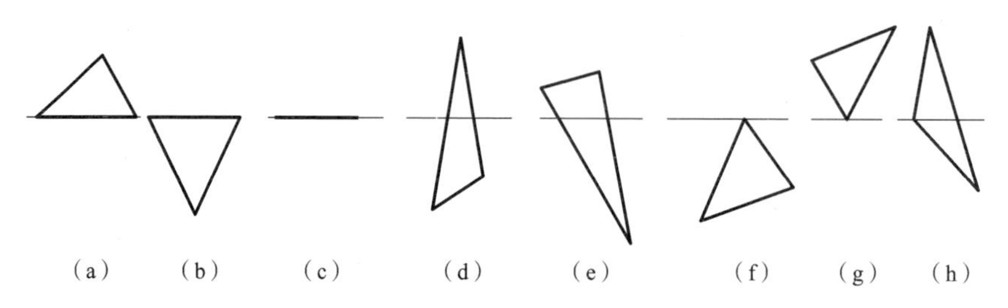

图 5-5 三角形面片与切片平面的相对位置

5.3 切片程序的设计

5.3.1 切片程序的设计方案

对于 3D 打印切片程序的开发任务，软件设计过程中主要遵循以下几个原则。

(1) 易用性。程序要满足需求且尽可能的简洁，要有较好的防错性和容错性，同时具有良好的接口，方便以后升级的时候，二次开发者可以容易地掌握和运用。

(2) 高性能。要在保证程序正常运行的情况下，尽量减小程序所占用的内存，提高程序的运行速度。

(3) 模块化。把整个程序按模块化设计，各个模块的结构相对独立。模块化设计使得各子程序之间相对独立，方便模块的调试和升级。

5.3.2 切片程序

(1) 判断 STL 文件格式。

这里通过检查 STL 文件有无 char(0)字符来判断 STL 文件格式，二进制格式的 STL 文件有 char(0)字符。图 5-6 所示为 STL 文件格式的判断过程。

(2) 读取 STL 文件。

STL 文件由一系列三角形面片组成，每个三角形面片对应着三个顶点。对 STL 文件进行读取实质上就是对 STL 文件中的顶点信息进行提取和处理。

ASCII 格式的 STL 文件具有更强的可读性是因为文本格式定义了不同的

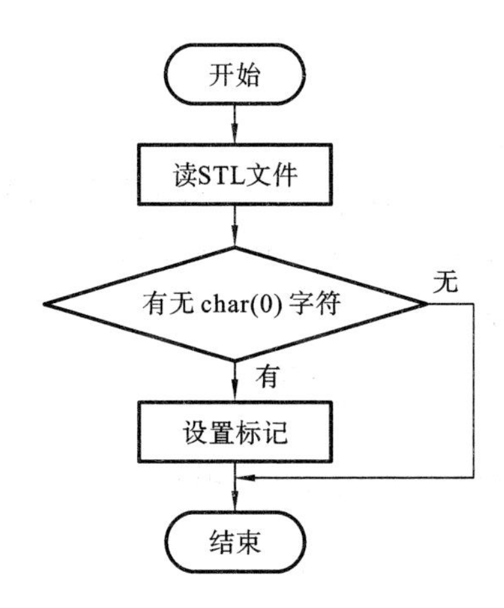

图 5-6　STL 文件格式的判断过程

标识符来对应不同的数据。对字符串是否为三角形面片顶点信息的判断，可以转化为对字符 vertex 的判断，然后读取其后面的数据即可。图 5-7 所示为 STL 文件的读取过程。

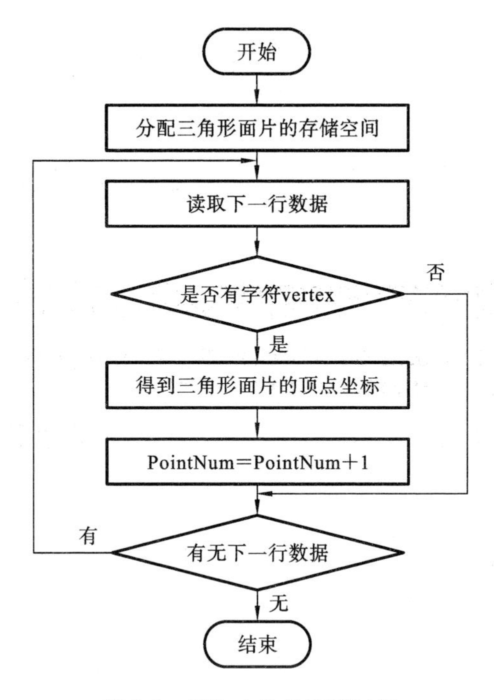

图 5-7　STL 文件的读取过程

5.4 切片程序的测试

5.4.1 切片程序的功能

切片程序主要实现的功能有：STL 文件的数据读取、生成多面体图形、对多面体切片和生成切片平面轮廓数据、输出每一层的增材制造的加工路径。

切片程序流程如下：打开 STL 文件，读入数据的相关信息，接下来进行 STL 切片，选择合适的切片厚度，切片厚度可以根据增材制造设备的加工精度来选择，最后输出文件，即保存数据，生成的加工路径可以选择合适的文件位置来保存，方便以后调试和使用。

5.4.2 应用实例

(1) 蜂窝车顶盖。

图 5-8 所示为设计的蜂窝车顶盖，其空间尺寸为 1500 mm×1000 mm×200 mm，其中板的厚度为 10 mm。图 5-9 所示为蜂窝车顶盖的 STL 模型。

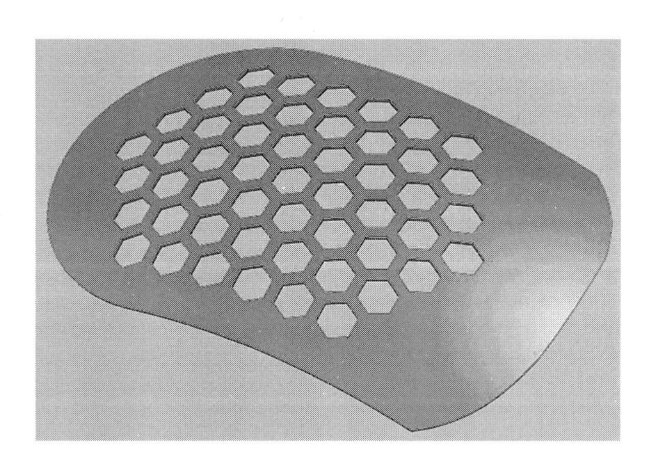

图 5-8 设计的蜂窝车顶盖

(2) 车轮的蜂窝支撑筋。

图 5-10 所示为设计的车轮的蜂窝支撑筋。图 5-11 所示为车轮的蜂窝支撑筋的 STL 模型。

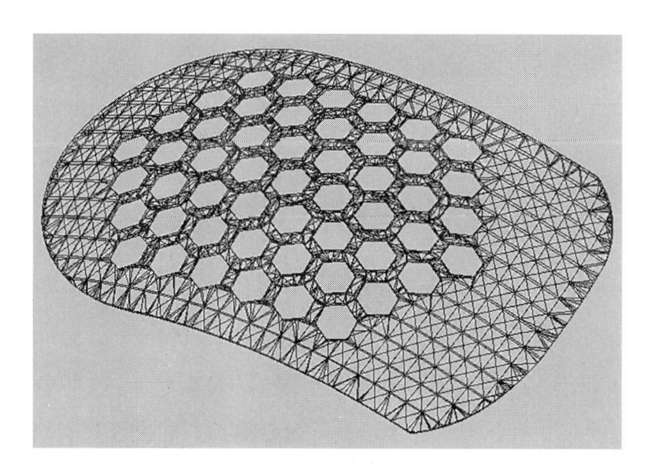

图 5-9　蜂窝车顶盖的 STL 模型

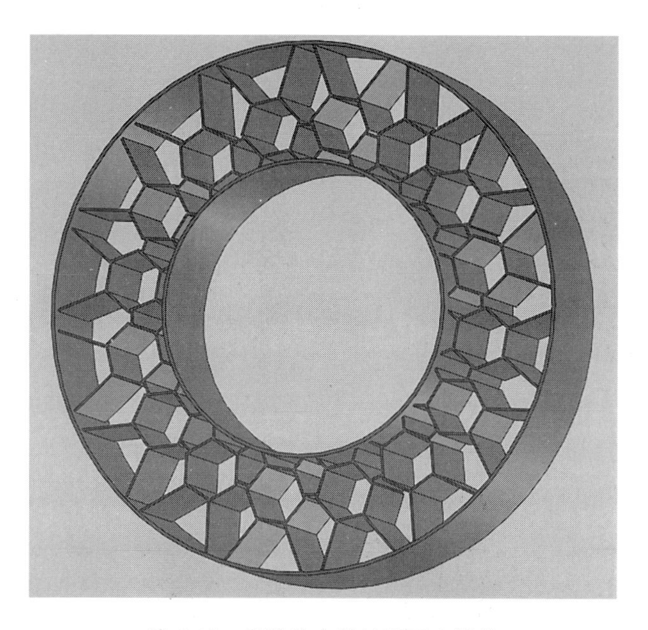

图 5-10　设计的车轮的蜂窝支撑筋

5.4.3　切片的测试

下面是切片测试的一个例子，该实例是手康复机构中一个支持肋部件的切片测试实例，如图 5-12 所示。

在该切片测试中，采用 FDM 工艺打印的支持肋部件如图 5-13 所示。

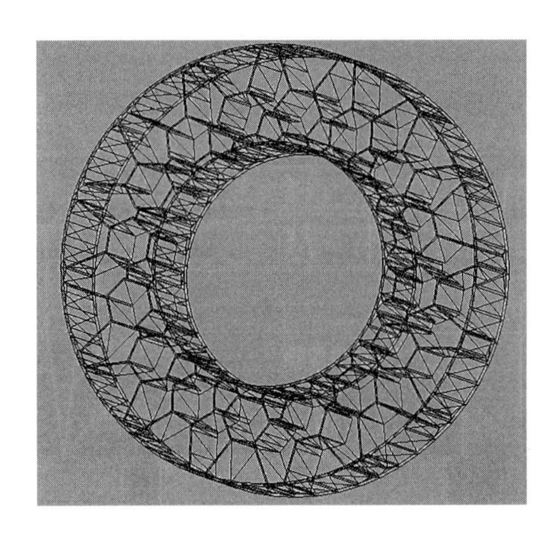

图 5-11　车轮的蜂窝支撑筋的 STL 模型

（a）CAD设计

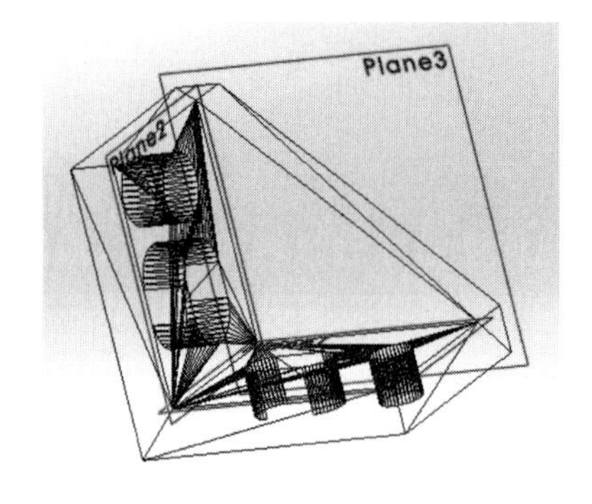

（b）STL图形

图 5-12　支持肋部件的切片测试实例

图 5-13　支持肋部件的 FDM 打印

5.5 切片层内路径填充

打印头的扫描方式有三种：单向扫描、双向扫描和交替的双向扫描，如图 5-14 所示。

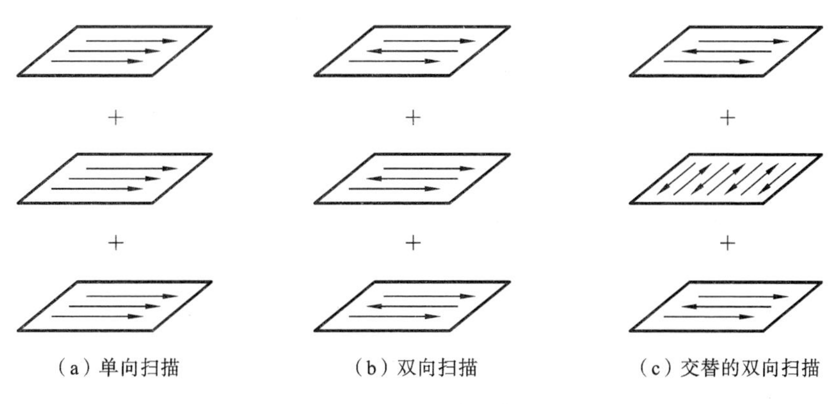

图 5-14 打印头的扫描方式

本章参考文献

[1] 黄新华，孙琨，方亮，等. STL 模型的分层轮廓数据优化算法[J]. 机械科学与技术，2004，23(5)：605-607.

[2] 沈凯锋. 面向 RE/RP 集成制造的 STL 模型再设计技术的研究与实现[D]. 上海：同济大学，2007.

[3] 严梽铭，钟艳如. 基于 VC＋＋和 OpenGL 的 STL 文件读取显示[J]. 计算机系统应用，2009(3)：172-175.

[4] 赵保军，汪苏，陈五一. STL 数据模型的快速切片算法[J]. 北京航空航天大学学报，2004，30(4)：329-333.

[5] 张贞贞，陈定方. 基于 VC 的 STL 文件读取[J]. 湖北工业大学学报，2008，23(2)：44-46.

[6] 赵吉宾，刘伟军，王越超. 基于 STL 文件的实体分割算法研究[J]. 机械科学与技术，2005，24(2)：131-134.

[7] 马良，黄卫东. 基于 STL 数据模型动态拓扑重构的快速切片算法[J]. 中国

激光,2008,35(10):1623-1626.

[8] 谢存禧，李仲阳,成晓阳. STL 文件毗邻关系的建立与切片算法研究[J]. 华南理工大学学报(自然科学版),2000,28(3):33-38.

[9] 潘海鹏，周天瑞,朱根松,等. STL 模型切片轮廓数据的生成算法研究[J]. 中国机械工程,2007,18(17):2076-2079.

[10] 牟小云. 基于 RE/RP 集成的复杂外形产品快速成型技术研究[D]. 西安：西安理工大学,2008.

[11] GALANTUCCI L M,PERCOCO G,MASO U D. A volumetric approach for STL generation from 3D scanned products[J]. Journal of Materials Processing Technology,2008,204:403-411.

[12] JAVIDRAD F,POURMOAYED A R. Contour curve reconstruction from cloud data for rapid prototyping[J]. Robotics and Computer-Integrated Manufacturing,2011,27:397-404.

[13] PAN H P,ZHOU T R. Generation and optimization of slice profile data in rapid prototyping and manufacturing[J]. Journal of Materials Processing Technology,2007,187-188:623-626.

[14] GIBSON I,ROSEN D,STUCKER B. Additive manufacturing technologies: 3D printing, rapid prototyping, and direct digital manufacturing [M]. 2nd ed. New York:Springer Science+Business Media,2015.

[15] CHUA C K,LEONG K F,LIM C S. Rapid prototyping:principles and applications [M]. 2nd ed. Singapore: World Scientific Publishing Company,2003.

[16] JAMIESON R, HACKER H. Direct slicing of CAD models for rapid prototyping[J]. Rapid Prototyping Journal, 1995, 1(2):4-12.

第6章 激光振镜扫描系统部件

6.1 振镜扫描部件

6.1.1 振镜式激光扫描技术

激光因具有高方向性、高亮度、高单色性等特点而得到广泛应用。激光扫描是随着激光打印及激光照排等激光印刷技术的应用发展起来的。激光扫描包括光机扫描和声光扫描。振镜式激光扫描属于光机扫描，即控制反射镜的运动，改变激光光束的偏转方向，从而利用激光光束扫描出预期的图形。

根据聚焦系统位置的不同，振镜式激光扫描包括物镜前扫描和物镜后扫描，这里物镜是指朝向扫描物体的透镜，如图6-1所示。物镜后扫描是指物镜放在反射镜的后面，面向扫描物体。反射镜使激光光束偏转，F-Theta透镜将激光光束聚焦在扫描平面上。物镜前扫描是指物镜放在反射镜的前面，从激光器出来的激光光束经扩束后先在透镜上聚焦，再经反射镜偏转，最后投射在扫描平面上。

振镜式激光扫描系统由反射镜、振镜电机和伺服驱动单元组成。振镜电机采用具有优异动态响应性能的检流计式有限转角电机和由压电陶瓷驱动的压电电机，一般偏转角度为$-30°\sim+30°$。X轴电机和Y轴电机联合转动，带动连接在其转轴上的反射镜运动，通过控制激光光束的反射角度实现整个扫描平面上的图案扫描。

振镜电机是一种摆动电机。通电线圈在磁场中产生力矩，驱动电机运动，其转子上通过机械扭簧或采用电子的方法加有复位力矩，复位力矩的大小与转子偏离平衡位置的角度成正比。当线圈通以一定的电流而转子偏转到一定的角度时，电磁力矩与复位力矩大小相等，使电机只能偏转，偏转角度与电流大小成正比。振镜的工作原理与电流计的一致，故振镜也叫电流计扫描器。

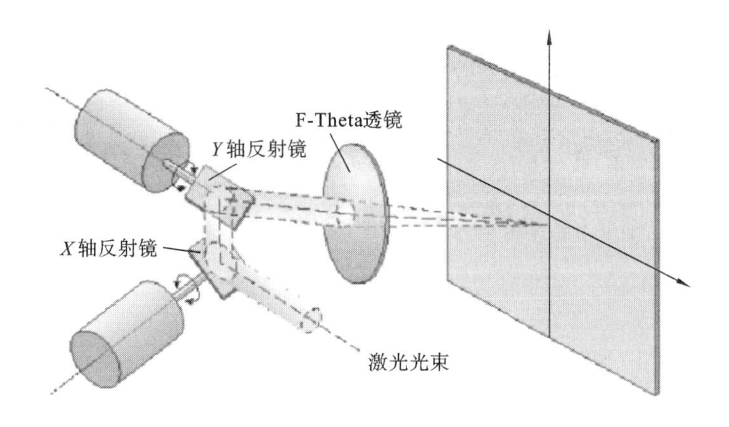

（a）物镜后扫描

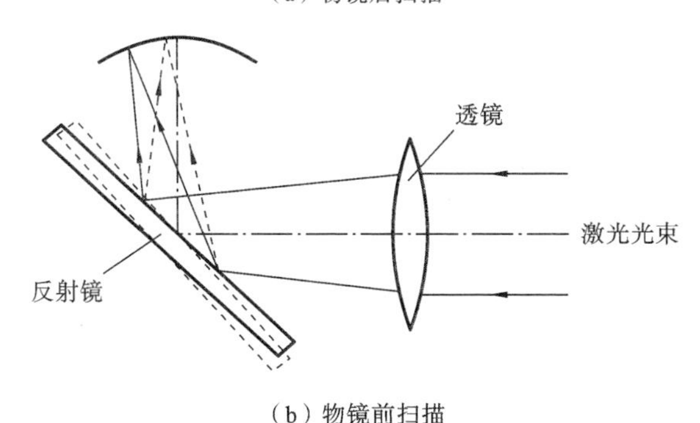

（b）物镜前扫描

图 6-1　物镜前扫描和物镜后扫描

随着电机及伺服驱动技术的不断发展，振镜式激光扫描系统的性能不断提高，其广泛应用于激光扫描的各个领域，如激光打标、舞台激光灯及激光增材制造技术等。

市场上已经有成熟的激光扫描系统，如美国的 Nutfield Technology 公司、GSI 公司，德国的 ScanLab 公司等生产的三维动态聚焦振镜扫描系统。增材制造设备都是采用这种扫描精度很高的三维动态聚焦振镜扫描系统。

二维振镜式激光扫描系统主要应用于打标机，在增材制造设备中还没有得到广泛的应用。打标机的扫描光程很短，最大只有 300 mm，扫描面积也较小，最大只有 110 mm×110 mm。而增材制造设备要求的扫描光程和扫描面积很大，例如在 SLA 设备中，扫描光程一般在 500 mm 左右，扫描面积在 300 mm×300 mm 左右。扫描光程与扫描面积越大，扫描图形的失真程度越大。

上面这种扫描面积的 SLA 设备在国内的需求量很大。在 SLA 技术的发展过程中，一般采用国外成套的三维动态聚焦振镜扫描系统作为扫描的执行机构，而三维动态聚焦振镜系统，无论是美国的Nutfield Technology公司、GSI公司生产的，还是德国的ScanLab公司生产的都比较贵。采用三维动态聚焦振镜扫描系统的增材制造设备的成本一般较高，这是制约国内增材制造产业发展的主要因素。

二维振镜式激光扫描系统相对三维动态聚焦振镜扫描系统来说价格要低得多，并且在小扫描面积的设备中可以用作扫描振镜。但二维振镜式激光扫描系统的精度与三维动态聚焦振镜扫描系统的精度相比，还有很大的提升空间。

6.1.2 二维振镜式激光扫描系统

在增材制造中，二维振镜式激光扫描系统由 X 轴、Y 轴伺服系统和 X 轴、Y 轴反射镜组成。当向 X 轴、Y 轴伺服系统发出偏转指令信号时，X 轴、Y 轴电机分别沿 X 轴和 Y 轴方向做快速、精确的偏转。根据待扫描图形的轮廓要求，通过 X 轴、Y 轴反射镜的联合运动，投射到扫描平面上的激光光束就能沿 X-Y 平面进行快速扫描。在大视场扫描中，为了纠正扫描平面上点的聚焦误差，通常要在反射镜系统前端加扩束镜和动态聚焦镜。这样，激光器发射的光束经过扩束镜之后，形成均匀的平行光束，其经过动态聚焦镜聚焦，投射到 X 轴、Y 轴反射镜上，经过两个反射镜的二次反射后投射到扫描平面上，形成扫描点，从而实现任意复杂图形的平面扫描。

二维扫描振镜是通过 X 轴、Y 轴电机带动反射镜偏转来实现平面扫描的，一般应用于小扫描面积的设备。二维振镜式激光扫描系统如图6-2所示。激光光束以一定入射角照射到 X 轴反射镜上，经 X 轴反射镜到 Y 轴反射镜，再经 Y

(a) 实物图

图6-2 二维振镜式激光扫描系统

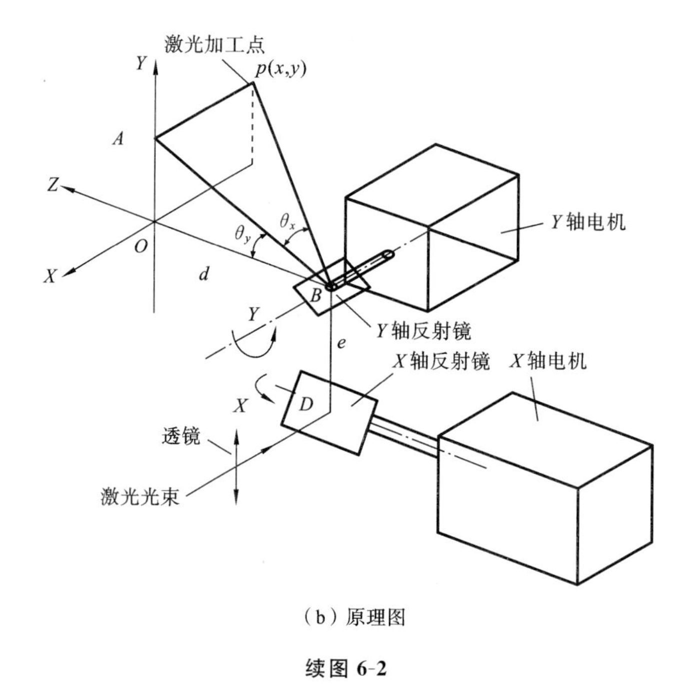

（b）原理图

续图 6-2

轴反射镜反射，投射到扫描平面上的某一点 $p(x,y)$。设 θ_x 为 X 轴反射镜的偏转角，θ_y 为 Y 轴反射镜的偏转角，当 θ_x、θ_y 均为 0°时，光斑会打在扫描平面上的原点 $O(0,0)$。e 为 X 轴反射镜到 Y 轴反射镜的距离，d 为 Y 轴反射镜到扫描平面的垂直距离。

6.2 透镜聚焦部件

6.2.1 F-Theta 透镜的聚焦

F-Theta 透镜具有平面聚焦的特点，其光束聚焦面为平面，而普通透镜的光束聚焦面为球面。F-Theta 透镜的光束聚焦面及其实物如图 6-3 所示。

F-Theta 透镜的成像原理如图 6-4 所示，平行的入射光束经 F-Theta 透镜后，聚焦于平面。

设 F-Theta 透镜的焦距为 f，总扫描角为 2θ，扫描场范围为 $2L$，F-Theta 透镜的光学设计保证了光束经 F-Theta 透镜聚焦后，像点高度与光束入射角成线性关系，即

$$L=f\theta \tag{6-1}$$

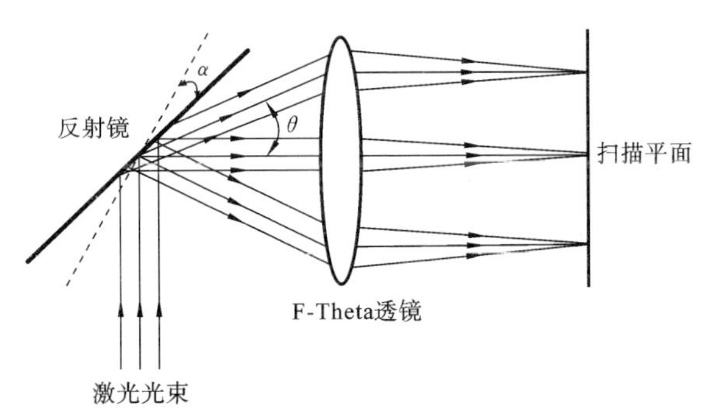

(a) F-Theta透镜的光束聚焦面

(b) 激光系统中的F-Theta透镜实物

图 6-3 F-Theta 透镜的光束聚焦面及其实物

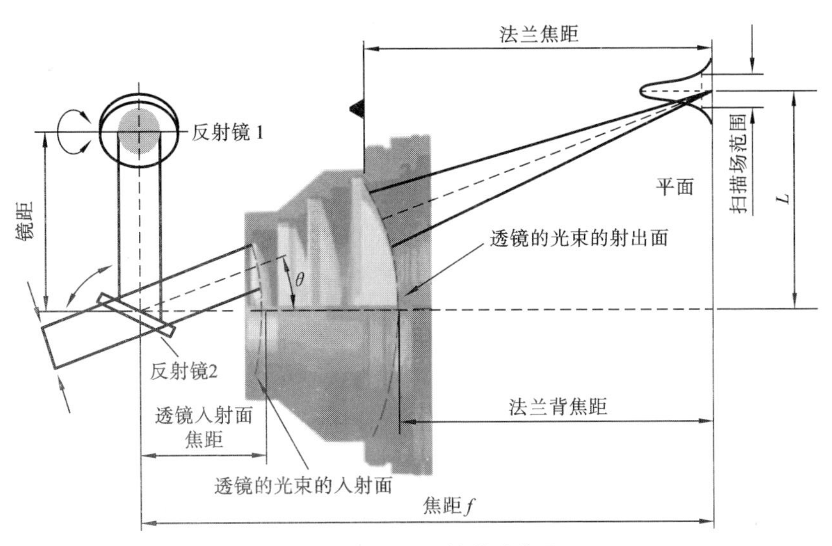

图 6-4 F-Theta 透镜的成像原理

因此该透镜得名 F-Theta。

F-Theta 透镜的最大优点在于它能平面聚焦，在平面的任何位置，聚焦光斑的大小一致。如图 6-5 所示，入射光束经过二维振镜系统的 X 轴、Y 轴反射镜偏转后，由 F-Theta 透镜聚焦于扫描平面上。X 轴、Y 轴反射镜根据接收到的偏转指令，按照一定规律偏转，激光光束就能在扫描平面上扫描出相应的图形。

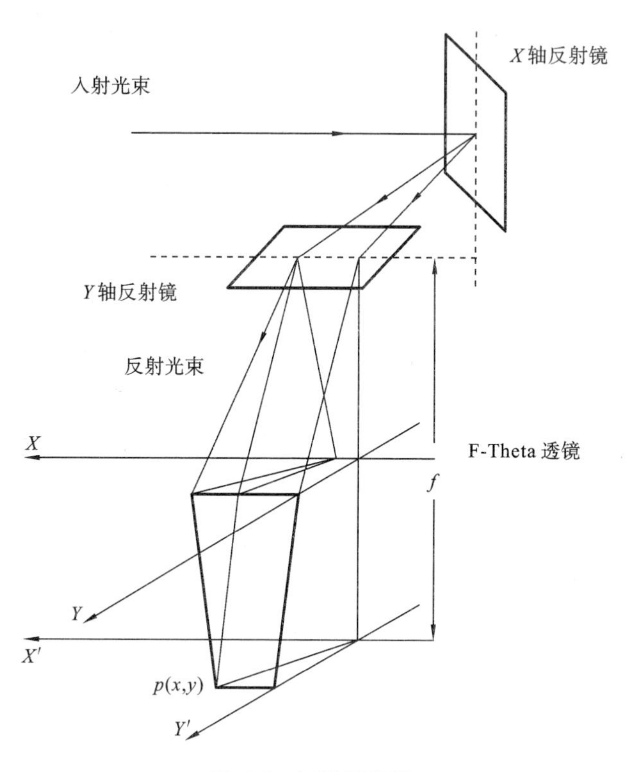

图 6-5　扫描原理图

二维振镜扫描的成像点坐标和振镜摆角成复杂的非线性关系，由于振镜制造误差的存在，不可避免地会产生成像点的定位误差，从而导致扫描图形发生畸变。

SLM 系统中的 F-Theta 透镜如图 6-6 所示。

6.2.2　三维动态聚焦振镜扫描系统

常用的聚焦镜包括固定聚焦镜和动态聚焦镜。固定聚焦镜的焦点位置是固定的，而动态聚焦镜的焦点位置可前后浮动。固定聚焦镜用于小视场扫描，

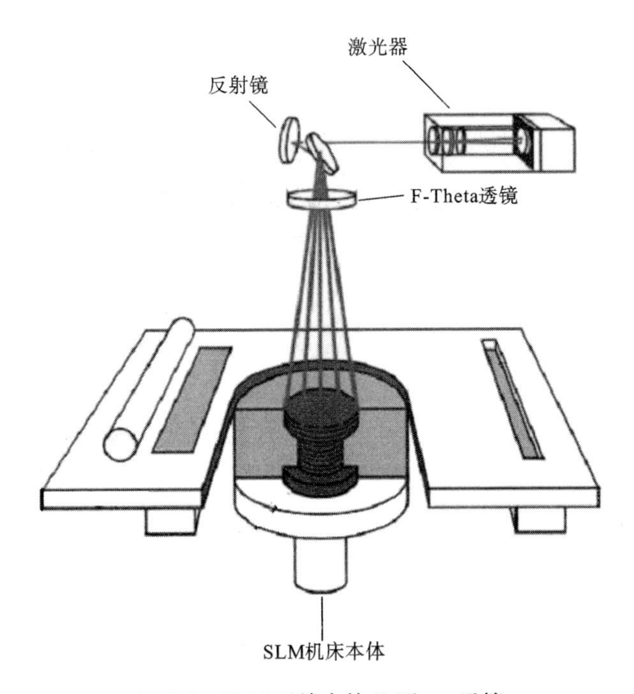

图 6-6 SLM **系统中的** F-Theta **透镜**

在小视场范围内，可以保证聚焦误差在聚焦镜焦深范围之内。

动态聚焦镜应用于大视场、高精度的扫描场合。为了获得比较好的扫描效果，要求将投射到扫描平面上的光斑的半径控制在一定范围内，且要求在扫描平面内的任意位置，激光光束都能进行很好的聚焦。如果仅在光路中使用固定聚焦镜，则激光光束只能在光路上的某一小范围内进行较准确的聚焦。而在这个范围以外的其他位置扫描时，激光光束不能在扫描平面上进行准确聚焦，光程发生变化，光斑发生畸变（光斑尺寸改变），不能满足扫描精度要求，因此需要采用动态聚焦镜，如图 6-7 所示。

三维动态聚焦振镜扫描系统采用振镜前聚焦方式。在大视场情况下，普通的固定聚焦镜无法保证聚焦精度，要采用振镜前聚焦方式。动态聚焦系统采用透镜来保证光束的焦点位置跟随光斑移动，实现对聚焦误差的实时动态补偿，即动态聚焦。当扫描平面上扫描点位置改变时，动态聚焦镜前后移动，以保证扫描平面上扫描点的准确聚焦。动态聚焦镜的运动是通过直线转换器实现的。产生直线运动的方法有多种，有的采用液体变位实现聚焦镜的直线运动，有的采用压电片实现聚焦镜的直线运动。一般常用的动态聚焦镜的焦距最大位移

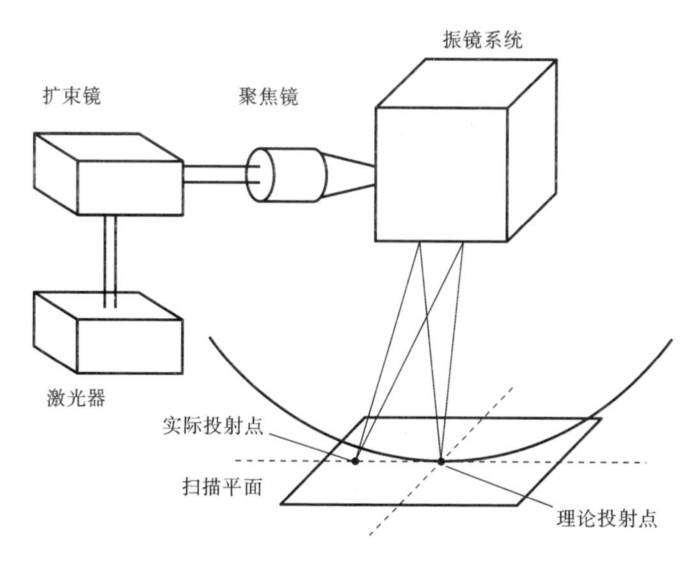

图 6-7　大视场扫描振镜三维动态聚焦

量为几毫米，如果需要更大的移动距离，则需要采用光学杠杆放大机构。当采用功率较大的激光器时，为了避免聚焦点过亮而损伤透镜，采用负透镜作为动态扩束镜。三维动态聚焦振镜扫描系统如图 6-8 所示。

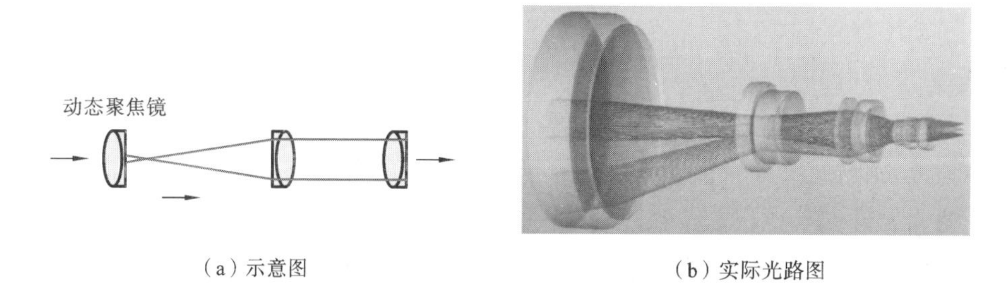

(a) 示意图　　(b) 实际光路图

图 6-8　三维动态聚焦振镜扫描系统

三维动态聚焦振镜扫描系统在大扫描面积中能够实现动态聚焦，消除扫描平面上的聚焦误差。在小扫描面积中，二维振镜式激光扫描系统的扫描精度也可以很高，例如，打标机上，在 110 mm×110 mm 的扫描面积以内，扫描精度可以达到 0.02 mm。二维振镜和 F-Theta 透镜构成的二维振镜式激光扫描系统的精确扫描面积可以达到 300 mm×300 mm。二维振镜式激光扫描系统相对三维动态聚焦振镜扫描系统来说，在硬件上少了动态聚焦模块和驱动系统，控制难度就小得多。而且一个二维振镜的扫描头及其控制卡和一块 F-Theta 透镜的总成本比一套三维动态聚焦振镜扫描系统的成本要低得多。

增材制造设备的扫描面积比打标机的要大得多。在增材制造设备中用二维振镜式激光扫描系统时要加一套校正模型,使扫描精度尽可能地接近三维动态聚焦振镜扫描系统的扫描精度。

6.3 光学系统的建立

对于二维振镜式激光扫描系统,需要考虑的因素很多,如激光波长、激光光束半径、扫描速度、聚焦光斑大小、扫描面积、焦深、重复定位精度、工作距离、扫描的线性度等。

为了在扫描场上获得较大的激光能量,需要对从激光器出来的光束进行聚焦处理。由于二维振镜没有动态聚焦镜的功能,为消除聚焦误差,满足高扫描精度的要求,应根据激光聚焦的特性选择聚焦透镜。

6.3.1 激光光束聚焦的焦深

激光光束聚焦不同于一般的光束聚焦,其焦点不仅仅是一个点,而是具有一定焦深的点。激光光束的焦深按照当光轴上某点的光强降至焦点处光强的一半时,该点至焦点的距离来估算。焦深 h_{Δ} 可按式(6-2)估算:

$$h_{\Delta}=\pm\frac{0.08\pi D_{\mathrm{f}}^{2}}{\lambda} \tag{6-2}$$

式中:D_{f} 为聚焦光斑直径;λ 为激光波长。

由式(6-2)可知,在聚焦光斑直径一定的条件下,激光光束的焦深与激光波长成反比。

当聚焦光斑直径一定时,由波长较短的激光可得到较大的焦深。对于物镜后扫描方式,其聚焦面为球弧面,如果整个扫描平面内的聚焦误差可控制在焦深范围之内,则可采用静态聚焦方式。例如在小工作面的光固化成形系统中,当其紫外光的波长为 355 nm 时,其激光聚焦可以获得较大的焦深,整个扫描平面的聚焦误差可控制在焦深范围之内,其聚焦系统可以采用较简单的振镜前静态聚焦方式。而在大扫描面积的 SLA 扫描中,用简单的振镜前静态聚焦方式很难保证整个扫描平面的聚焦误差在焦深范围之内,所以需采用 F-Theta 透镜聚焦的物镜前扫描方式。

6.3.2 振镜式激光扫描系统激光的扩束

激光光束长距离传输时发散角较大，为了得到合适的聚焦光斑和减小激光光束的发散角，需要对激光进行扩束。激光扩束的基本方法有两种：伽利略扩束法和开普勒扩束法，如图 6-9 所示。在实际应用中，扩束后的激光光束的发散角角度和扩束比成反比，这样扩束后的激光光束在传输过程中的能量损耗会降低。

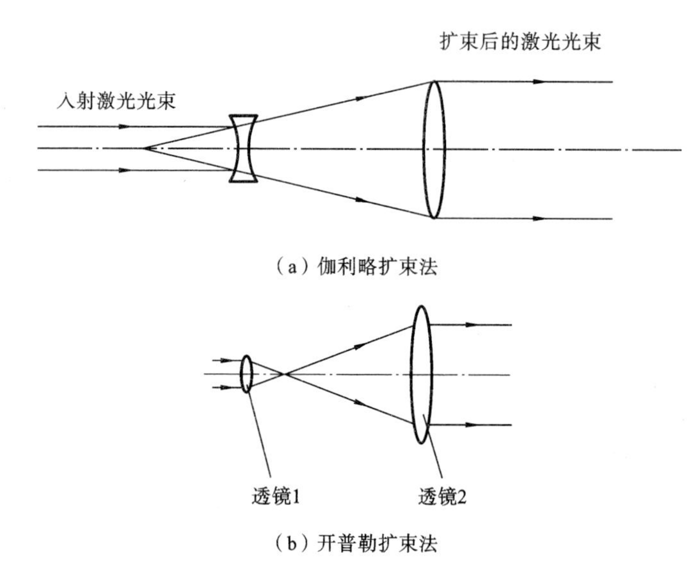

（a）伽利略扩束法

（b）开普勒扩束法

图 6-9 伽利略扩束法和开普勒扩束法

扩束后，激光光斑变大，从而减小了激光光束传输过程中光学组件表面激光光束的功率密度，降低了激光光束通过光学组件时的热应力，有利于保护光路上的光学组件。扩束后的激光光束的发散角角度变小，减少了激光的衍射，从而获得较小的聚焦光斑。

6.3.3 振镜反射镜的光路

增材制造系统的振镜反射镜有两个，分别控制 X 轴和 Y 轴方向的激光光束反射。激光光束从扩束镜出来后被 X 轴反射镜第一次反射，被 Y 轴反射镜第二次反射。在初始复位时，激光光束以 45°角入射反射镜镜片，在反射过程中不会出现激光光斑溢出反射镜的现象。由于反射镜发生了偏转，激光光束投射到 X 轴反射镜时光斑并不呈圆形，而呈椭圆形。随着反射镜偏转角度的变化，椭圆轴随之伸长或者缩短，在反射镜镜片长度方向上激光投影的光斑尺寸不变。由于制造误差和安装误差的存在，X 轴反射镜镜片的长度应该设计得略大于激光光束的直径，反射镜镜片的宽度则应该设计得比激光光束的直径大很多，以使激光光束能完全投射在反射镜上。X 轴、Y 轴反射镜偏转角度不同时激光光斑的变化如图 6-10 所示。

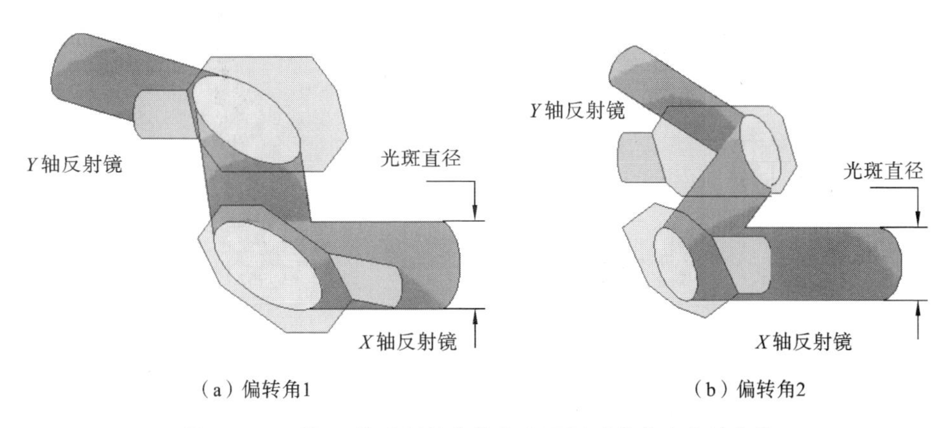

图 6-10　X 轴、Y 轴反射镜偏转角度不同时激光光斑的变化

激光光束经 X 轴反射镜反射到 Y 轴反射镜上，光斑发生两次变形，而 X 轴和 Y 轴反射镜在空间成 90°角。另外，在 X 轴反射镜镜片上发生的变形也会累加到 Y 轴反射镜镜片的长度方向上，所以一般情况下 Y 轴反射镜镜片的尺寸比 X 轴反射镜镜片的尺寸大，Y 轴反射镜镜片降低了系统的响应速度。振镜反射镜几何光学原理如图 6-11 所示。

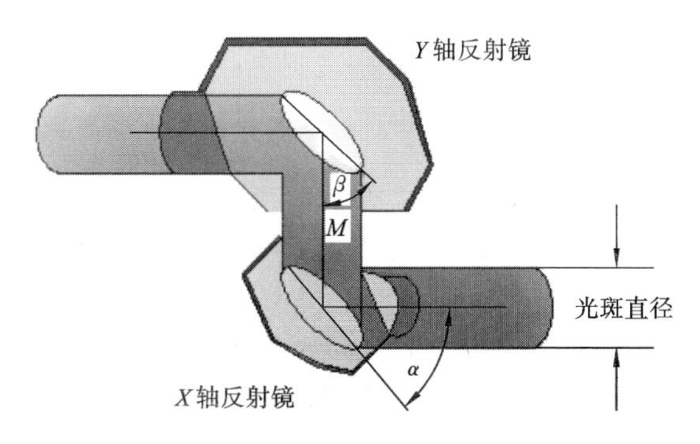

图 6-11　振镜反射镜几何光学原理图

图 6-11 中，α 是 X 轴反射镜不发生偏转时激光光束入射的角度，β 是 Y 轴反射镜不发生偏转时激光光束入射的角度，M 是两个反射镜轴线间的距离。

6.4 振镜式激光扫描系统部件的结构

6.4.1 激光器

1. 入射光源的要求

振镜式激光扫描系统对入射光源的基本要求如下。

(1) 功率效率高。

(2) 结构尺寸小，使系统小型化。

(3) 成本低。

(4) 稳定性高。光源的光斑尺寸、功率等的稳定性，对增材制造零件的精度有很大影响。

(5) 光源工作温度稳定。使用环境的温度一般为－20 ℃～＋40 ℃，光源工作温度的稳定性对加工质量有较大的影响。

2. SLA 光敏材料对光源的要求

(1) 输出功率高。输出功率高能够提高光敏材料固化成型的速度，提高生产效率。

(2) 频谱范围合适。光敏材料的固化成型需要光有一定的波长范围。

(3) 相干性高。光束的相干性高表明光束能量集中，因此加工精度高，轮廓清晰。

3. 常用的激光器

增材制造设备使用的光源与增材制造工艺的类型有关。SLA 设备使用的材料通常为对紫外激光敏感的液态树脂，光源选择紫外激光光源。SLA 设备使用的紫外激光器是最早出现的氩离子激光器和氦-镉(He-Cd)气体激光器。著名的激光器生产商有 Kimmon 公司、Power Technology 公司、Infrared Optical Products 公司，它们生产的 He-Cd 气体激光器分为功率为 40 mW、波长为 320 nm 和功率为 50 mW、波长为 325 nm 等型号，都可应用于光固化增材制造系统。市场上还出现了利用光纤技术传输紫外线的紫外灯，作为光固化激光器的替代品。它的缺点是谱带太宽，而用于光固化成型的材料只吸收特定波长的光，会造成一部分能源浪费。此外，紫外灯发散角角度大，导致发光面大，要加入聚光零件来聚集光束，从而导致系统结构变得复杂，不利于降低成本和使系统小型化，因此，紫外灯并不能很好地解决 SLA 光源的问题。现在，市场上常用的激光器如表6-1所示。

表6-1　常用的激光器

激光器	波长/nm	功率/mW	工作寿命/h	工作状态	光束质量	运行成本
He-Cd气体激光器	325	30～300	2000	CW①	高	较高
氩离子激光器	351～365	100～500	2000	CW	高	较高
Nd:YVO_4激光器	266	100～1000	>5000	CW	高	稍高
紫外汞灯	300～400	4000	>1000	CW	稍差	极低
氮气激光器	337	1～2 mJ③	>10000	PW②	高	较高
半导体激光器	325～375	15～200	>10000	CW	高	极低

注:① CW表示连续波。
② PW表示脉冲波。
③ 此处用能量表示。

4. 半导体激光器的选用

半导体紫外激光器一般具有体积小、工作寿命长、工作可靠等优点。例如，CrystaLaser公司生产的三款波长分别为355 nm、351 nm、349 nm的固体紫外激光器的体积不到传统的He-Cd气体激光器的体积的十分之一,但成本较高。

虽然有小部分的绿光激光器已经应用于SLA设备,但是现在大部分的材料还是紫外激光敏感材料。影响光敏树脂固化质量的主要因素是工作面上的光斑半径大小。由于半导体紫外激光器发射出的紫外激光的波长短,经过扩束后,它完全适用于SLA振镜扫描,因此,紫外激光器是SLA设备的理想光源。

5. 半导体激光器的优点

(1) 半导体激光器的工作寿命比很多其他种类的激光器的要长,稳定性高。这种新的激光器实际上只有几千克重,应用方便,可实现SLA设备的小型化。

(2) 半导体激光器工作电压低,使用安全,电能转化为光能的效率高,环保节能。

(3) 近年来,半导体技术发展迅速,功率高的半导体激光器的市场化程度越来越高,价格越来越低,有利于降低目前昂贵的SLA设备的成本。

(4) 半导体激光器在紫外光波段范围内有多种波长可供选择,能够应用于光敏树脂。

6.4.2 振镜反射镜

振镜反射镜用来反射激光光束,其镜片尺寸和转动惯量与采用的电机相关，这些参数限制了扫描速度和扫描频率。镜片尺寸大则转动惯量大，需要使用大功率的电机以提高系统的动态响应速度。减小镜片尺寸，可使扫描系统快速响应并使产品体积减小。将镜片设计得尽量小而薄可减小质量和转动惯量。

通常 X 轴、Y 轴反射镜的最大偏转角为 20°。反射镜镜片的设计除了要考虑形状以外，还要考虑材料、表面平整度及镀膜的反射率等。镜片的材料一般使用人工合成的石英。镀膜要考虑平整性、折射率，要求镀膜不易被烧穿。镜片的安装精度要高，否则高速摆动的镜片会由于安装不对称产生振动，轻则降低加工精度，重则损坏镜片。

根据反射镜镜片的厚度和电机轴的大小采用相应的夹具，如图 6-12 所示。为了减小系统的转动惯量，提高系统的动态响应速度，将镜片不被照射到的部分切割掉。

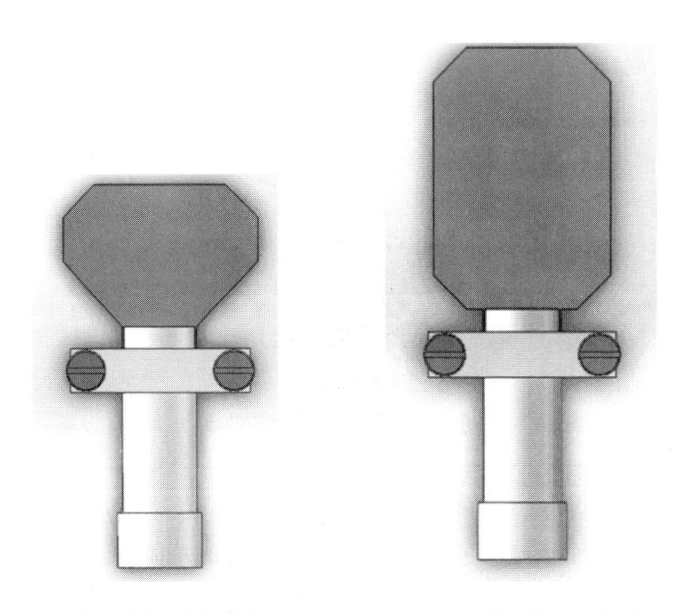

(a) X 轴反射镜镜片及其夹具　　(b) Y 轴反射镜镜片及其夹具

图 6-12　X 轴、Y 轴反射镜镜片及其夹具

6.4.3　振镜电机

1. 振镜电机的类型

振镜电机是二维振镜式激光扫描系统的核心执行元件，该系统需要两个振镜电机，分别负责 X 轴和 Y 轴方向激光光束的偏转。

振镜电机是一种检流计式摆动电机，转轴的偏转角度一般为$-30^\circ \sim +30^\circ$，在此范围内定位准确、快速。振镜电机的工作原理与普通电机的一样，即流入线圈的电流产生磁场，该磁场与永磁体相互作用形成扭矩，带动转子旋转。

振镜电机根据结构的不同可以分为动铁式、动圈式和动磁式三种类型。其中振镜电机的关键参数包括平均转矩、转动惯量、电流峰值和精度的重复率。振镜电机的动态响应速度由电流峰值、平均转矩和转动惯量共同决定。

动铁式振镜电机跟普通电机类似，都有一个转子和定子，定子由两个永磁体、线圈和两组极片组成；转子则由铁芯、轴杆组成，安装在轴承的弹簧上，并且连接着电机底座。其铁芯采用软铁结构。动铁式振镜电机的结构如图 6-13 所示。

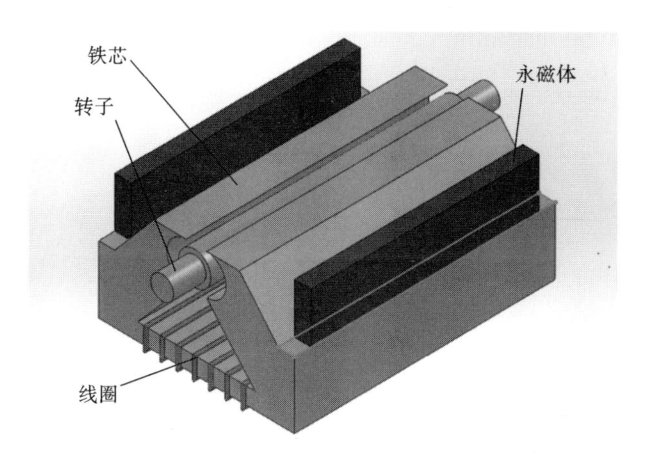

图 6-13　动铁式振镜电机的结构

动铁式振镜电机能获得较大的转矩常数，但是铁芯容易达到磁饱和，转速受到限制。另外，它的传感器采用扭杆弹簧连接，其定位精度和稳定性较低。

动圈式振镜电机也包括定子和转子。转子上有线圈，因此这种电机在原理上属于直流电机。动圈式振镜电机使用蝶式的位置传感器，优点是稳定性高、精度高，缺点是连接线圈的电线有可能在电机高速运行时被绞断。所以，这种电机能够提供较大的负载转矩，但是工作频率不能过高。动圈式振镜电机的结构如图 6-14 所示。

动磁式振镜电机和动圈式振镜电机一样，都使用钕铁硼磁体。其动磁式部分（即永磁体）安装在转子上，使转子的刚度和谐振频率提高。动磁式振镜电机的力学性能好、转矩大、惯性小。动磁式振镜电机的结构如图 6-15 所示。

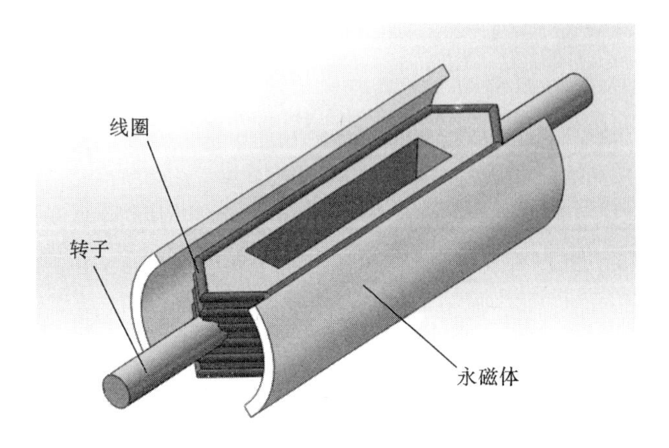

图 6-14　动圈式振镜电机的结构

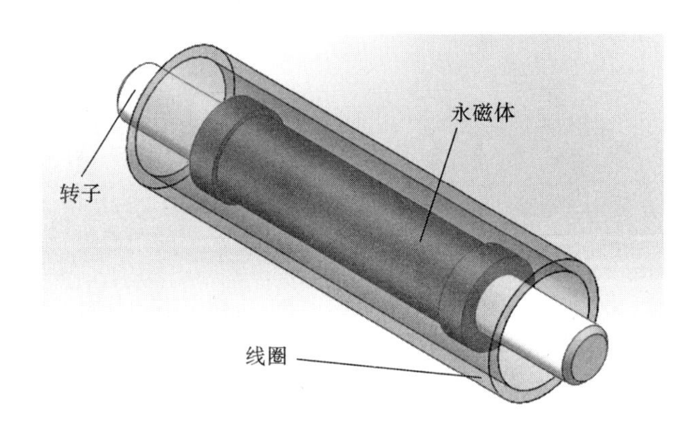

图 6-15　动磁式振镜电机的结构

2. 振镜位置传感器

位置传感器是将位置信号转换为电信号的装置。常用的振镜位置传感器有电容式和光电式两种类型。

电容式位置传感器利用电容的相对变化测量电机的转角。当电机偏转时，电容发生变化，输出电流随之改变，经过滤波和差分电路后的电流能够反映振镜电机的具体位置。动态绝缘蝶式电容式位置传感器如图 6-16 所示，它通过改变电容器极板的重叠面积来改变电容，通过检测电容的变化实现转角的检测。

光电式位置传感器用一个发光二极管(LED)照射四个排列好的光电池，LED 和光电池之间有一个固定在电机轴上的蝶片，旋转的蝶片挡住一部分光，利用照射到光电池上光的变化，形成不同的光电流，从而反映振镜电机的具体位置。光电式位置传感器如图 6-17 所示。

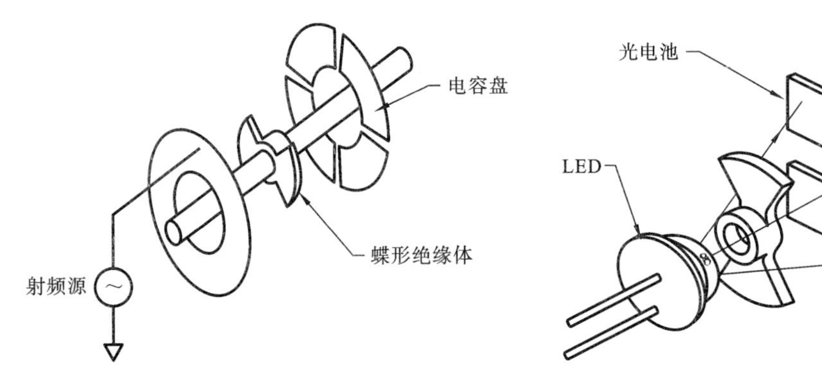

图 6-16　动态绝缘蝶式电容式位置传感器　　图 6-17　光电式位置传感器

3. 振镜电机的定子结构

振镜电机的定子主要采用整块结构，例如，定子采用一整块 A3 钢加工。采用这种结构，线圈腔磁导率不高，且通电线圈在定子壳中产生涡流，引起电机发热，影响工作的稳定性和降低运动频率，过量的热甚至会造成电机损耗，从而带来危险和经济损失。为了减少涡流和提高磁导率，在设计上采用嵌入结构，如图 6-18 所示。用车床在定子上掏出一个圆柱状的空腔，再把一个跟空腔形状相同的硅钢芯片嵌入空腔中，然后用一个塞子塞住端部，把硅钢芯片跟定子壳压紧，构成一个整体，线圈黏合在硅钢芯片的内表面上，最后将转子、轴承及挡圈装入。

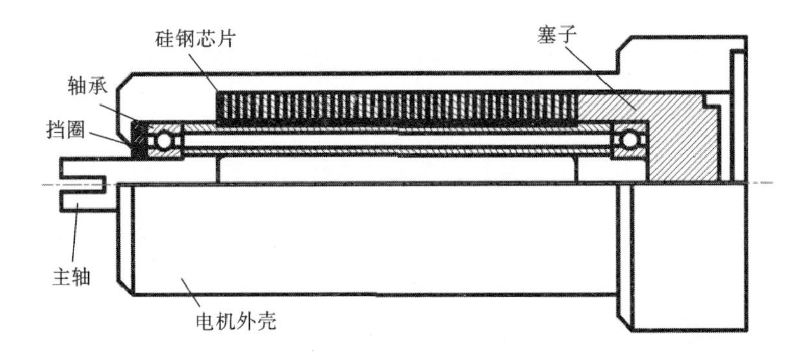

图 6-18　振镜电机的定子结构

嵌入的硅钢芯片会使线圈的磁场均匀分布，提高定子的磁导率，减少定子壳中通电线圈产生的涡流，从而降低电机产生的热量，在提高电机的稳定性的同时实现长时间的扫描。

4. 振镜电机的外形

市场上的 *X* 轴和 *Y* 轴振镜电机分别如图 6-19 和图 6-20 所示。

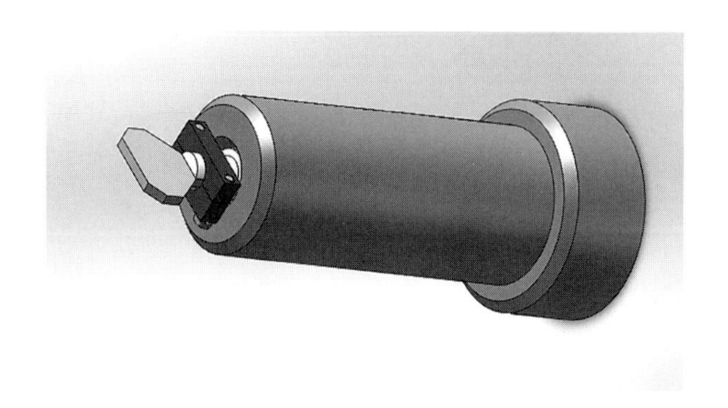

图 6-19　*X* 轴振镜电机

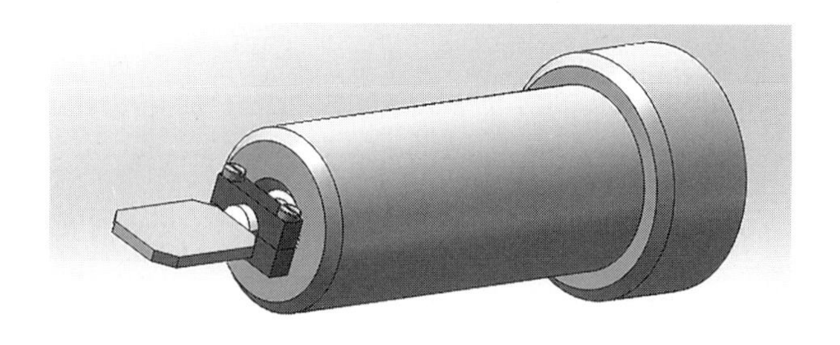

图 6-20　*Y* 轴振镜电机

6.4.4　扫描系统的装配结构

振镜电机是二维振镜式激光扫描系统的执行元件，带动 *X* 轴、*Y* 轴反射镜运动实现激光光束的扫描。在振镜电机的工作过程中，反射镜偏转使电机振动，这一振动不仅影响激光光束的反射效果，还影响 F-Theta 透镜的聚焦效果。

图 6-21 所示为两个振镜电机的支撑座的立体模型。图中两个孔用于放置并固定振镜电机。使用前调整好电机位置并在孔的上侧用螺栓锁紧电机，以减少电机的振动，同时方便拆卸和调整电机的位置。

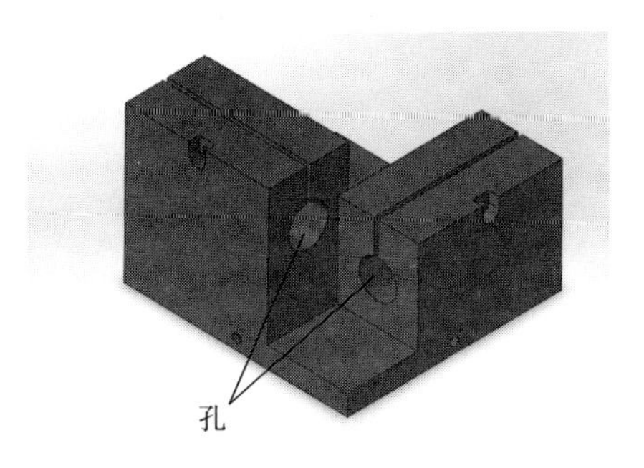

图 6-21　两个振镜电机的支撑座的立体模型

振镜电机通过箱体座安装在箱体上，箱体上有光孔，激光光束经扩束镜扩束后从进光孔入射到 X 轴反射镜，再到 Y 轴反射镜，经过偏转后，由 F-Theta 透镜聚焦并投射到扫描平面上。扫描系统的装配结构如图 6-22 所示。

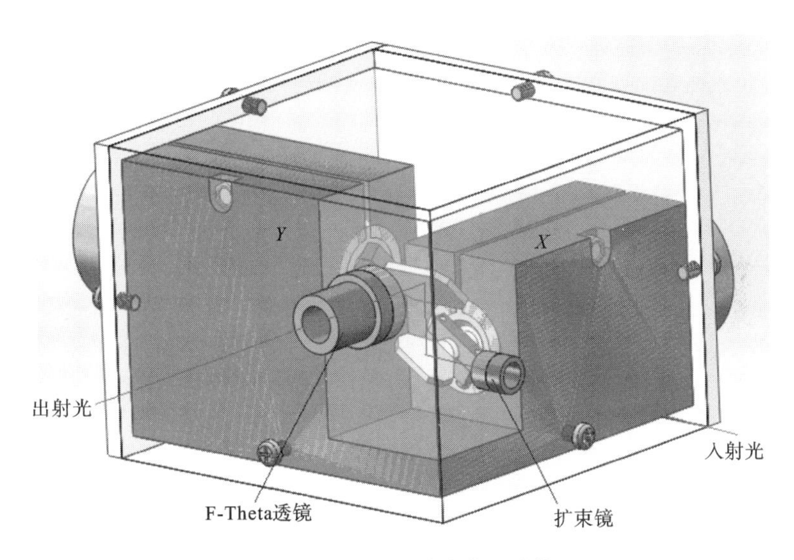

图 6-22　扫描系统的装配结构

本章参考文献

[1] KIM D S,BAE S W,KIM C H,et al. Design and evaluation of digital mirror system for SLS process[C]//Proceedings of SICE Annual Conference.

New York:IEEE,2006.
[2] LOTT P,SCHLEIFENBAUM H,MEINERS W,et al. Design of an optical system for the in situ process monitoring of selective laser melting (SLM) [J]. Physics Procedia,2011,12:683-690.
[3] EMAMI M M,BARAZANDEH F,YAGHMAIE F. Scanning-projection based stereolithography: method and structure[J]. Sensors and Actuators A:Physical,2014,218,116-124.
[4] GIBSON I, ROSEN D, STUCKER B. Additive manufacturing technologies: 3D printing, rapid prototyping, and direct digital manufacturing [M]. 2nd ed. New York:Springer Science+Business Media,2015.
[5] CHUA C K,LEONG K F,LIM C S. Rapid prototyping: principles and applications [M]. 2nd ed. Singapore: World Scientific Publishing Company,2003.

第7章 增材制造设备的坐标运动部件

有些3D打印机采用G代码模式实现打印头的运动。例如,对于喷墨打印机,喷嘴和平台分别按G代码在水平和垂直方向上移动来打印每一层,而每一层外轮廓有由许多直线线段组成的预定路径。

7.1 SLA设备的运动控制部件

7.1.1 SLA设备的组成

SLA设备由激光器、透镜、*X-Y*运动装置、液态光敏树脂、液槽、工作平台、刮板、控制系统和软件等组成,如图7-1所示。

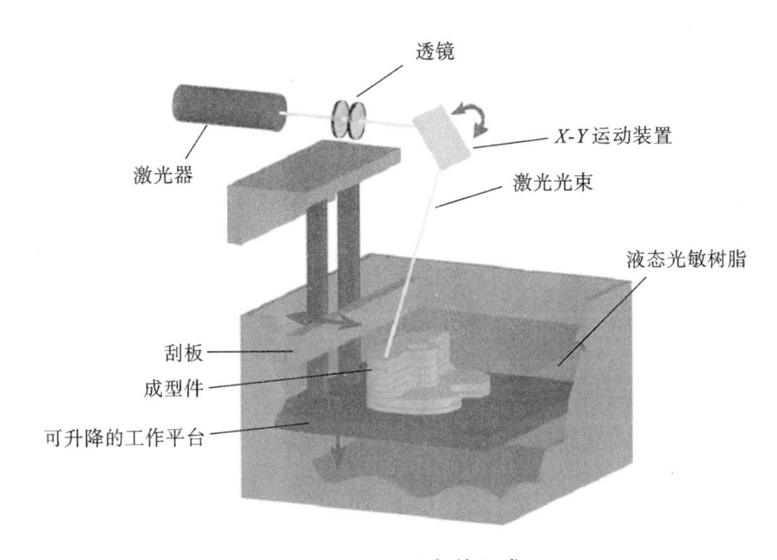

图7-1 SLA设备的组成

1. 激光器

SLA 设备中的激光器大多数为紫外激光器。SLA 设备用激光器有以下两种类型。

(1) He-Cd 气体激光器,输出功率为 30～300 mW,属于低能量激光源,输出波长为 325 nm,工作寿命约为 2000 h。

(2) 氩离子激光器,输出功率为 100～500 mW,属于高能量激光源,输出波长为 351～365 nm,工作寿命约为 2000 h。

激光光斑直径一般为 0.02～3 mm,激光位置精度可达 0.005 mm,重复精度可达 0.1 mm。激光光束扫描装置常用以下两种驱动方式。

(1) 检流计驱动式的扫描镜方式,用于制造尺寸较小的高精度成型件。

(2) *X-Y* 绘图仪方式,适用于制造大尺寸的高精度成型件。

2. 液槽

液槽用于存放液态光敏树脂,采用不锈钢制作,其尺寸限制了成型件的尺寸。

3. 可升降的工作平台

可升降的工作平台用于升降成型件,采用电机控制。

4. 刮板

刮板的作用是使新一层液态光敏树脂迅速、均匀地涂覆在已固化的层上,保证每一层厚度均匀。

在 SLA 设备中,激光扫描固化后用刮板将液态光敏树脂表面刮平。此时刮板需要一个坐标运动部件驱动。

5. 控制系统和软件

控制系统和软件的作用如下。

(1) 将 CAD STL 模型进行切片分层,得到每一个切片平面的形状数据信息。

(2) 控制激光器开关、反射镜的二维运动、工作平台的升降运动和刮板的运动。

7.1.2 SLA 设备的运动控制部件

SLA 设备的多轴运动控制结构包括:

(1) 工作平台　提供各层的 *Z* 向坐标(上下移动坐标)进给;

(2) 刮板　刮去多余的液态光敏树脂;

(3) 反射镜　做 X 轴、Y 轴方向的运动，产生平面扫描路径。

图 7-2 所示为 SLA 设备的多轴运动控制结构，分为带刮板和不带刮板两种情况。不带刮板的 SLA 设备的多轴运动控制结构，只涉及工作平台的升降运动和反射镜的二维运动。采用刮板，由于液态光敏树脂的黏度较大，流动性较差，光固化后要用刮板将液态光敏树脂填补上去。

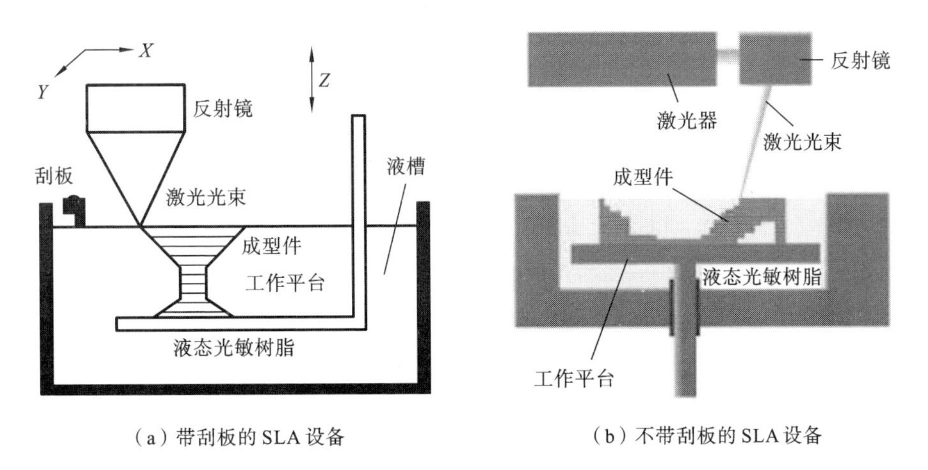

(a) 带刮板的 SLA 设备　　(b) 不带刮板的 SLA 设备

图 7-2　SLA 设备的多轴运动控制结构

7.2　FDM 设备的运动控制部件

7.2.1　FDM 设备组成

FDM 设备主要由工作平台、基体、送丝机构、喷头、支撑、加热室等组成，如图 7-3 所示。

1. 硬件

(1) 机械系统　包括运动机构、送丝机构、喷头等。

(2) 温度控制系统　包括成型材料喷嘴、支撑材料喷嘴和加热室的温度控制系统。

(3) 软件系统　用于 STL 文件预处理(STL 文件数据错误检验与修复)、切片文件处理、工艺处理(切片平面轮廓线计算、填充线计算)，包括运动指令模块和图形显示模块等。

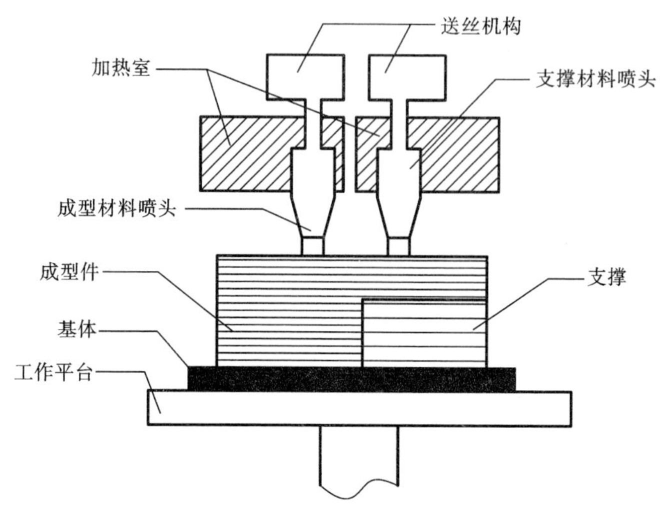

图 7-3　FDM 设备的组成

2. 喷头

材料在加热室内被加热而熔化，由喷头上的喷嘴挤出。喷嘴沿预定几何轨迹运动，并挤出材料来填充切片平面的封闭图形。挤出的材料与已加工的上一层材料黏结，并迅速凝固，如此反复，一层层堆积，得到所需的产品或者零件。

在 FDM 设备中制作悬臂支承构件时需要添加支撑。支撑材料可以使用与成型材料相同的材料，这样只需要一个喷头即可，但支撑材料不易分离。如果支撑与成型件的材料不同则使用多喷头系统。例如，采用双喷头独立加热的形式，其中一个喷头用来喷射支撑材料以制作支撑，另一个喷头用来喷射成型材料以制造成型件。由于两种材料的特性有所不同，强度和耐水性存在较大的差异，因此在制作完毕后支撑材料的去除相对比较容易。在计算机系统控制下，喷头可以在 *X*-*Y* 平面上自由移动，喷嘴可以随时打开或关闭，喷头沿 *Z* 轴的运动是通过工作平台的升降来实现的。

3. 加热系统

加热室需要一个比较稳定的、灵敏度比较高的加热系统来给 FDM 工艺过程提供恒温环境。该恒温环境可使丝材由固态变成熔融态，以防丝材熔化不均匀而造成喷头阻塞，影响加工的进度和成型件的质量。加热室采用可控硅或温控器来控制加热系统，采用热敏电阻或热电偶测量温度。

7.2.2 FDM设备的运动控制部件

FDM电机控制结构如图7-4所示。

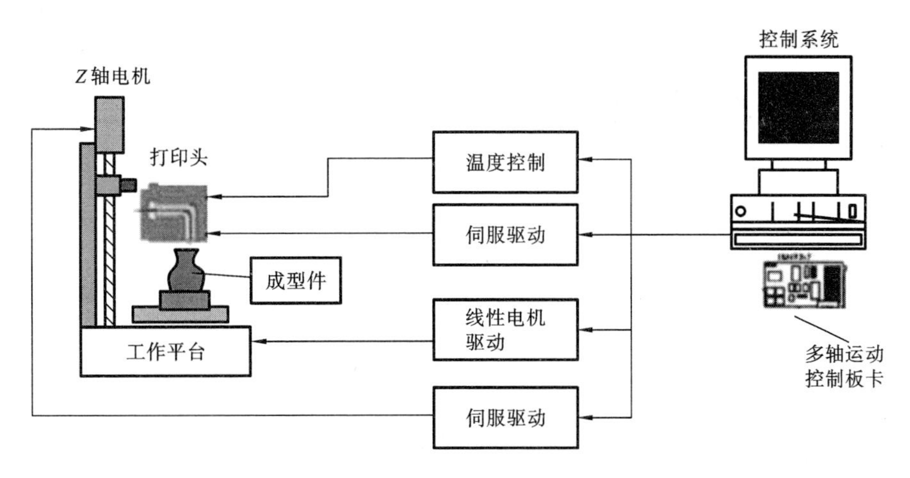

图7-4 FDM电机控制结构

(1) 三轴运动机构。

三轴运动机构涉及X、Y、Z三轴运动。工作平台沿Z轴做上下运动，FDM喷嘴依靠X、Y两轴联动对切片平面封闭轮廓进行平面扫描，从而完成每一层的加工。运动机构包括：X轴、Y轴电机及其传动机构，Z轴电机及其传动机构。控制模块通过控制电机的运动来完成X-Y平面扫描和沿Z轴的进给。采用较小的上下运动速度，是为了保证沿Z轴的精确进给，该速度是由层厚决定的，且在每一层都会有一定时间的停歇。X轴、Y轴电机空转时会使用较高速度，Z轴电机工作时则会使用较低速度。

(2) 送丝机构。

送丝机构为喷头输送原料，要求送丝平稳、准确可靠且易控制。一般情况下采用丝状材料，这种丝状材料的直径通常为1～2 mm。喷嘴的直径一般为0.2～0.6 mm。丝状材料的直径与喷嘴的直径有一定的差别，这个差别可保证喷头内具有一定的压力和熔融态材料能以一定速度(必须与喷头扫描速度相匹配)被挤出。当X-Y平面运动速度发生变化时，送丝速度要随之变化。

图7-5所示为FDM设备的三轴运动系统，带单个打印头。

图7-6所示为FDM设备的送丝机构，该送丝机构采用一个电机将丝状材

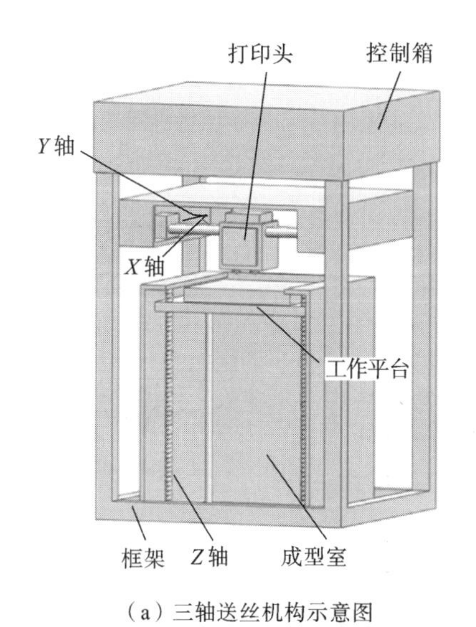

（a）三轴送丝机构示意图

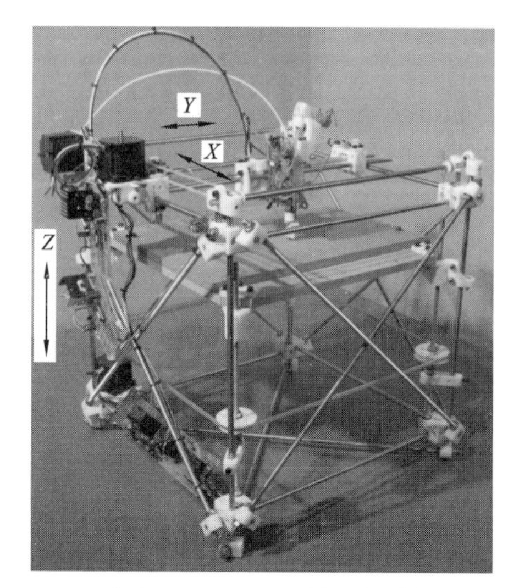

（b）RepRap FDM三轴运动系统

图 7-5　FDM 设备的三轴运动系统

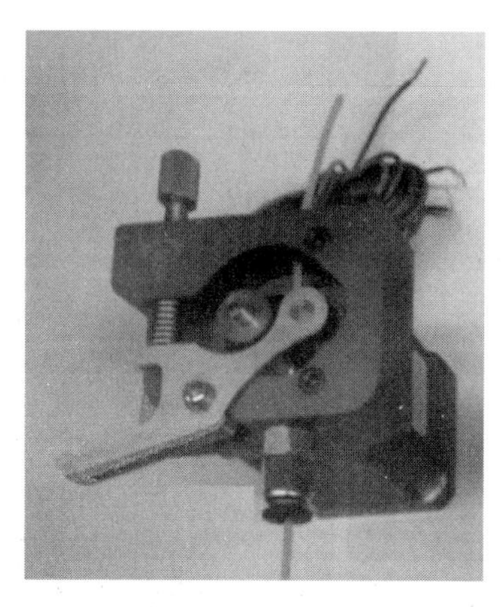

（a）送丝机构实物图

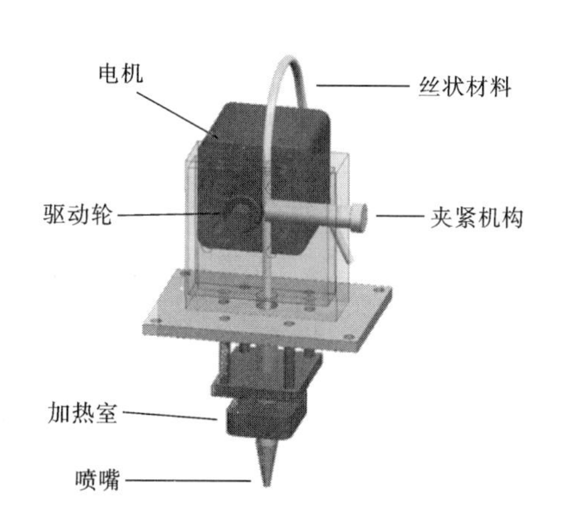

（b）送丝机构原理图

图 7-6　FDM 设备的送丝机构

料通过驱动轮送进加热室内加热。

图 7-7 所示为采用双喷头的 FDM 电机控制结构，其包括三轴运动机构和带双喷头的双电机驱动系统，双喷头由两个电机分别驱动。

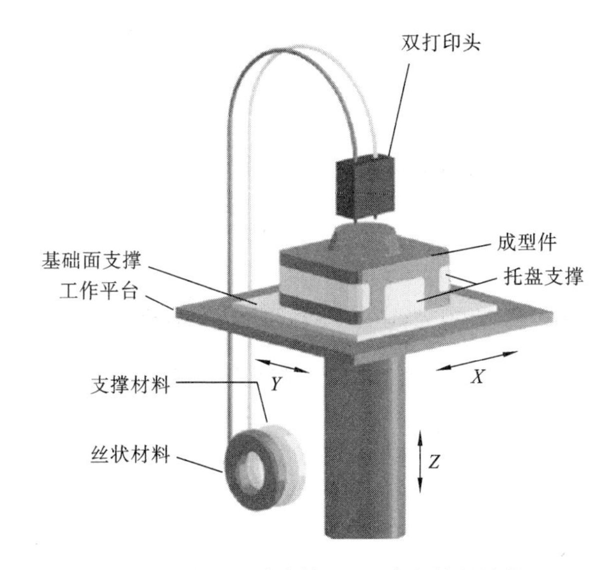

图 7-7　采用双喷头的 FDM 电机控制结构

图 7-8 所示为 Fab@Home FDM 双打印头运动控制机构。

图 7-8　Fab@Home FDM 双打印头运动控制机构

7.3 LOM 设备的运动控制部件

LOM 设备的电机系统包括送料电机、活塞缸上下电机、加热辊电机、振镜电机，如图 7-9 所示。

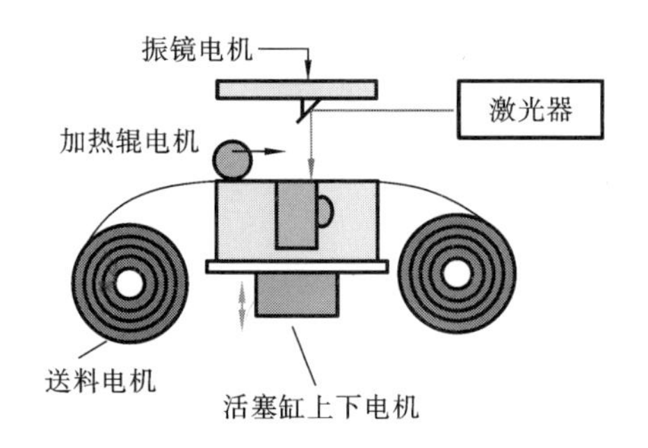

图 7-9　LOM 设备的电机系统

图 7-10 所示为 LOM 设备的组成。

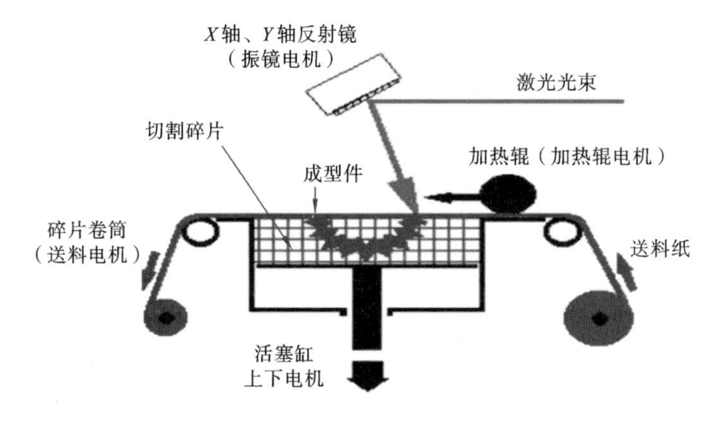

图 7-10　LOM 设备的组成

7.4 SLS 设备的运动控制部件

SLS 设备一般需要 7 个电机，其中 4 个电机分别用于控制送粉缸、成型缸、落料缸和铺料机构，2 个电机用于控制反射镜的偏转角度，1 个电机用于控制成型缸的上下运动。图 7-11 所示为 SLS 设备的三缸结构。

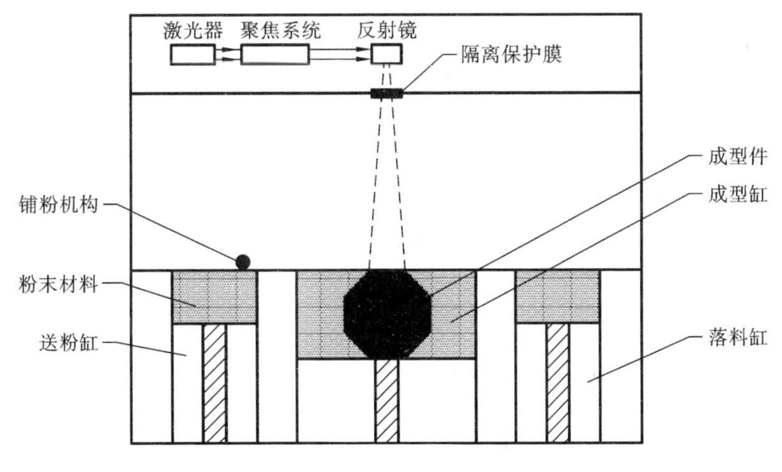

图 7-11 SLS 设备的三缸结构

7.5 SLM 设备的运动控制部件

7.5.1 SLM 设备的组成

SLM 设备的主要部件包括光路单元、机械单元、控制单元、SLM 软件等，如图 7-12 所示。

光路单元主要包括光纤激光器、扩束镜、反射镜和 F-Theta 透镜等。激光器是 SLM 设备的核心组成部分。SLM 设备主要采用光纤激光器，这是因为光纤激光器具有转换效率高、性能可靠、工作寿命长、光束模式接近基模等优点。由于光纤激光器发出的激光光束质量好，激光光束能被聚集成极细的光束，并且其输出波长短，因此光纤激光器在精密金属零件的选择性激光熔融增材制造中有着广泛的应用。扩束镜用于扩大光束直径，减小光束发散角，减少能量损耗。反射镜由电机驱动，通过计算机控制，使激光光斑精确定位在扫描平面的任意位置。F-Theta 透镜用于避免激光光斑发生畸变，使得激光光斑在扫描范围内具有一致的聚焦特性。

机械单元包括成型缸、粉料缸（送粉缸和落料缸）、铺粉机构等。铺粉质量是影响成型件质量的关键因素。铺粉机构分为铺粉刷和铺粉辊筒两种。成型缸与粉料缸由电机控制，电机控制的精度决定了成型件的精度。

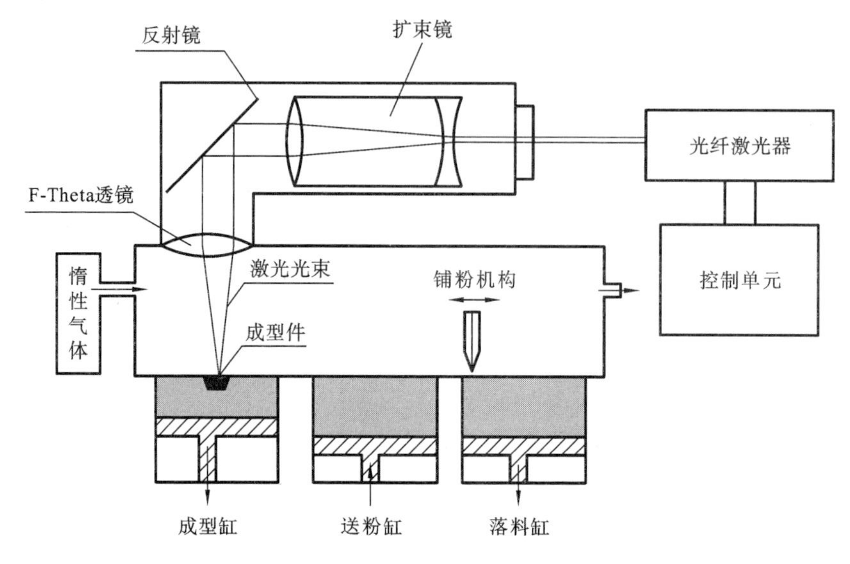

图 7-12　SLM 设备的组成

控制单元由计算机和多块控制板卡组成。计算机通过控制板卡向反射镜发出控制信号，控制反射镜运动以实现激光扫描。电机控制系统通过控制电机运动，实现对铺粉辊筒、成型活塞、供粉活塞的运动控制。

SLM 软件包括切片软件、扫描路径生成软件和监控管理软件。切片软件实施的切片处理是增材制造过程的关键环节之一，其功能是将零件的三维 CAD 模型转化成二维的切片模型，从而得到一层层的切片平面轮廓数据。扫描路径生成软件的功能是根据切片平面轮廓数据生成填充扫描路径。监控管理软件主要用于控制成型过程和电机，以及显示加工状态。

SLM 电机控制分为两部分：成型缸、送粉缸、落料缸和铺粉机构的协调运动控制；反射镜运动和激光器开关控制，以便对粉末进行熔化加工。SLM 设备的运动控制结构框图如图 7-13 所示。在 SLM 设备的设计中，有些省去了落料缸或回收运动。

7.5.2　SLM 设备部件的运动分解

1. SLM 设备的总的电机分布

SLM 设备常用 5 个电机驱动，采用多轴系统，包括两轴反射镜的运动系统、成型缸和送粉缸的运动系统和铺粉机构的运动系统。图 7-14 所示为 SLM

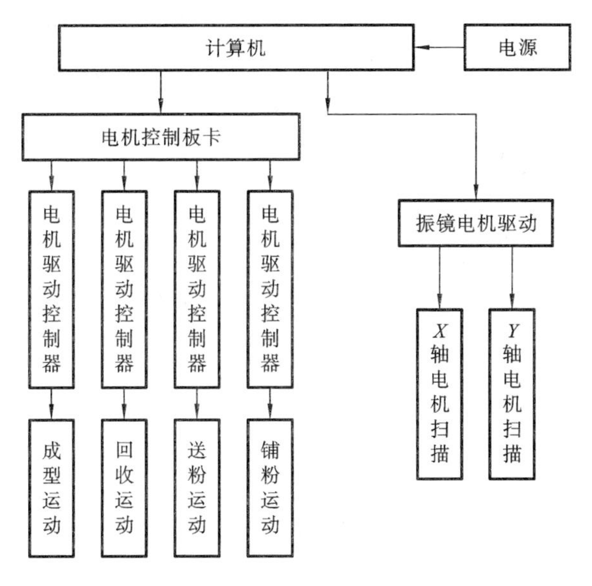

图 7-13　SLM 设备的运动控制结构框图

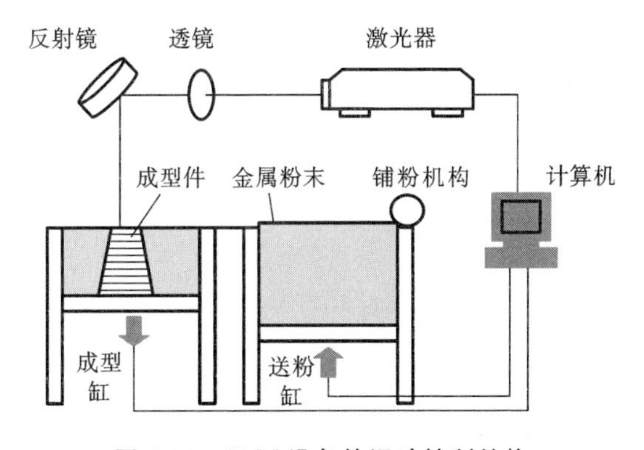

图 7-14　SLM 设备的运动控制结构

设备的运动控制结构。SLM 设备的多轴系统与 SLS 设备的类似。

2. 激光扫描头

激光扫描头的数目取决于工作平台的加工面积。扫描系统按激光扫描头的数目分为单激光扫描系统、双激光扫描系统和四激光扫描系统。SLM Solution 250 采用双激光扫描系统，如图 7-15 所示。

3. 送料系统

送料系统一般包括步进转动门开关送料系统和吸料送料系统。

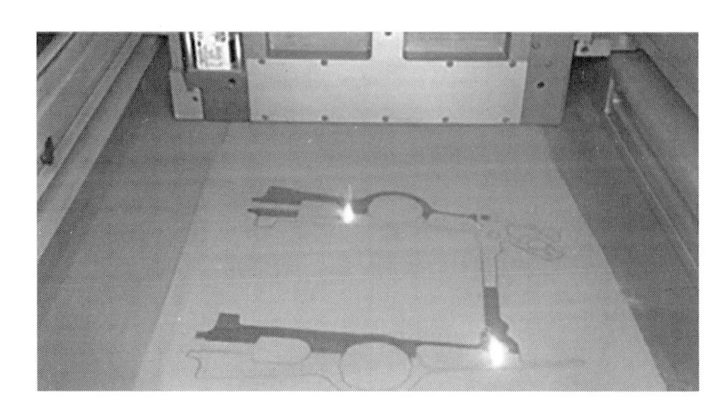

图 7-15　SLM Solution 250 采用双激光扫描系统

图 7-16 所示为 SLM Solution 250 的步进转动门开关送料系统。粉料放在盒子内，采用步进电机将料门打开。落料量取决于料门打开的时间和开口的大小。铺粉机构前后移动将粉料铺平。

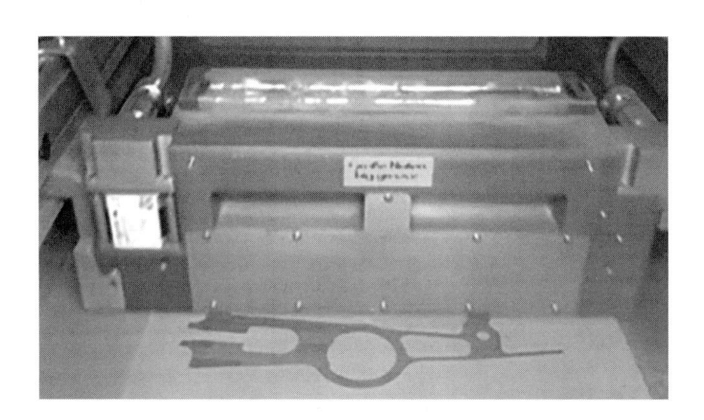

图 7-16　SLM Solution 250 的步进转动门开关送料系统

SLM Solution 500 采用吸料送料电机将粉料吸进粉料缸内。其吸料送料系统如图 7-17 所示。

4. 工作平台上下运动系统

图 7-18 所示为 SLM Solution 250 的工作平台上下运动系统。SLM Solution 250 采用单电机驱动系统。SLM Solution 500 工作平台由于面积大，采用三电机驱动系统。

图 7-17　SLM Solution 500 的吸料送料系统

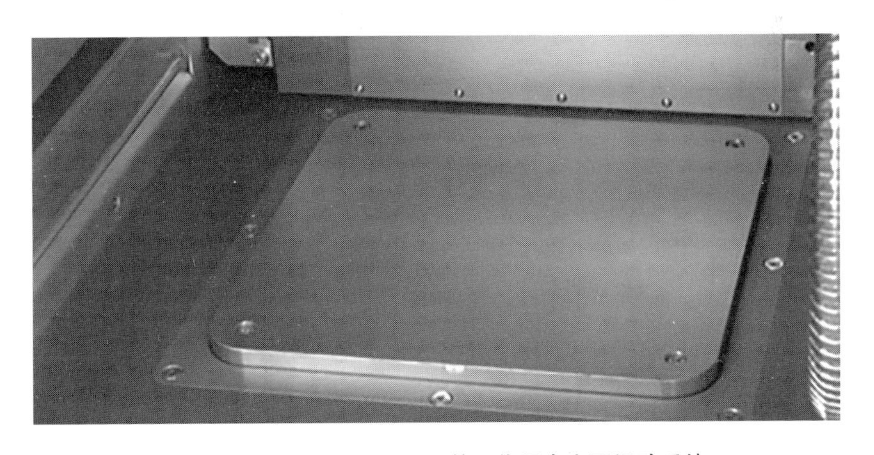

图 7-18　SLM Solution 250 的工作平台上下运动系统

7.6 LCF 设备的运动控制部件

LCF 工艺是集三维造型技术、数控技术、激光技术等技术以及冶金学、材料学、计算机科学等学科于一体的增材制造技术。LCF 设备的组成如图 7-19 所示。

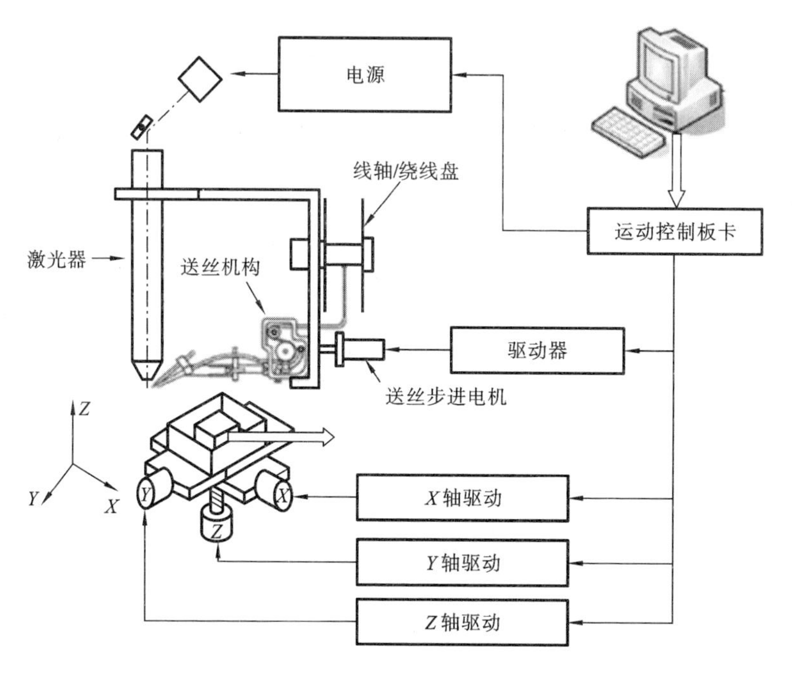

图 7-19　LCF 设备的组成

LCF 设备的运动控制部件是一个数控控制台，涉及 X、Y、Z 三轴运动。LCF 设备的其他部件包括金属丝输送系统和激光器。

LCF 工艺过程如下。

(1) 3D 造型。采用 CAD 软件或逆向工程软件生成实体零件的 CAD 模型。

(2) 切片处理。将 CAD 模型的 STL 多面体表面按一定间距切割成一系列平行切片，再根据切片的轮廓信息生成合理的激光扫描轨迹，并将它们转换成工作平台的运动控制指令。

(3) 用激光光束进行扫描，熔化金属材料进行熔覆，使其成型为与切片轮廓和升降进给厚度一致的层。

(4) 透镜、送料喷嘴等整体上移一个层厚的高度。

重复上述过程，逐层堆积直至形成所设计的零件。

7.7 EBM设备的运动控制部件

EBM工艺是一种基于电子束的增材制造工艺，只有导电材料适用于这种工艺。熔融机制是快速移动的电子轰击金属粉末时，动能转化为热能，从而熔化金属粉末。

电子束发生器通过操作偏转线圈控制高能电子束流对设备工作舱内的金属粉末进行逐层扫描。按切片平面的轮廓信息选择性地熔化金属粉末，微小的金属熔池相互融合并凝固，连接形成金属层，如此层层堆积，直至整个零件全部完成。

EBM工艺与SLM工艺相似，不同之处在于EBM工艺需要在真空中熔化金属粉末，在惰性气体中使用电子束而不是激光。

EBM工艺是一种粉末床熔合方法，用电子束偏转代替激光反射镜的偏转。

EBM设备的组成如图7-20所示。

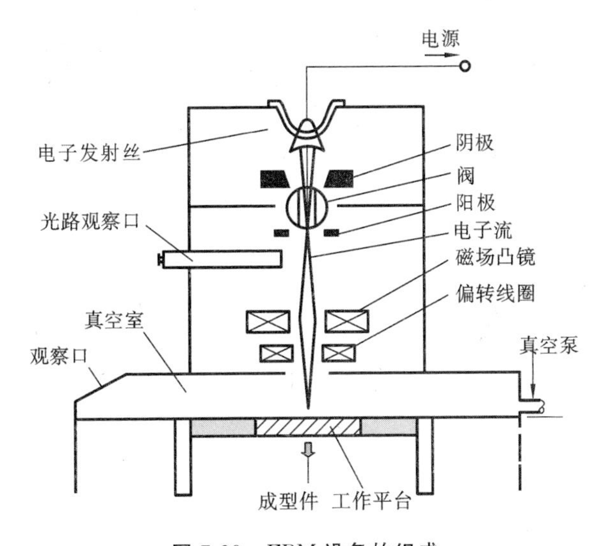

图7-20 EBM设备的组成

市场上的EBM设备主要是瑞典Arcam公司生产的。Arcam AB EBM设备如图 7-21 所示。

图 7-21 Arcam AB EBM 设备

EBM 设备的结构如图 7-22 所示。

图 7-22 EBM 设备的结构

EBM 设备使用电子束作为能量源。电子枪发射电子束，电子束的扫描运动利用偏转线圈实现。电子枪的结构如图 7-23 所示。

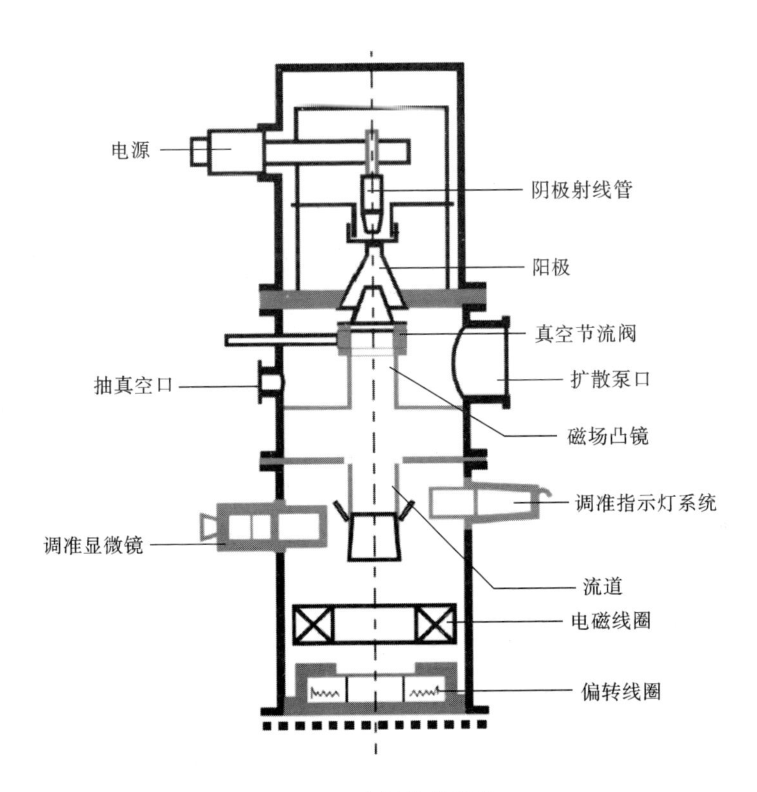

图 7-23 电子枪的结构

7.8 3DP 设备的运动控制部件

3DP 设备喷射黏结剂实现打印。低成本的 3DP 设备使用石膏粉和黏结剂来制造零件。石膏粉(半水硫酸钙)作为构建打印物体的材料,黏结剂是水性黏结剂。

3DP 设备的打印过程如图 7-24 所示。实现该过程一般需要五个运动坐标。

(1) 铺粉和刮平运动。工作平台定位在距离打印辊一个层厚的下方位置,在工作平台上铺一层粉末。铺粉和刮平运动需要一个运动坐标。

(2) 喷墨打印头运动。喷墨打印头根据切片轮廓数据喷射黏结剂,黏结剂和粉末互相黏结。喷墨打印头运动需要 *X-Y* 平面的两个运动坐标。

(3) 工作平台上下运动。工作平台向下移动一个层厚。工作平台上下运动

需要一个运动坐标。

（4）粉料进给运动。粉料进给运动需要一个运动坐标。

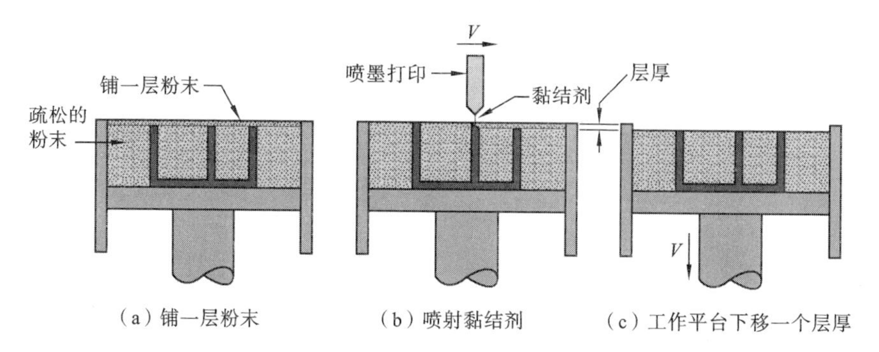

图 7-24 3DP **设备的打印过程**

喷射黏结剂的3DP设备的组成如图7-25所示。

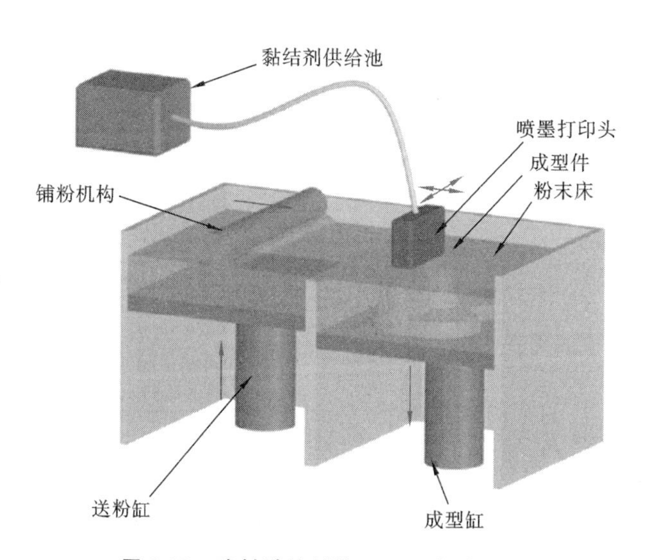

图 7-25 喷射黏结剂的 3DP **设备的组成**

喷射黏结剂的3DP设备——ZPrinter® 402如图7-26所示。该设备采用一个喷墨打印头，构建打印实体的材料采用石膏粉或淀粉，黏结剂可采用水。

ZPrinter系列是Z公司推出的产品。Z公司成立于1994年，在1997年商业化了第一台3D打印机。ZTM402系统是基于3DP技术的打印系统。

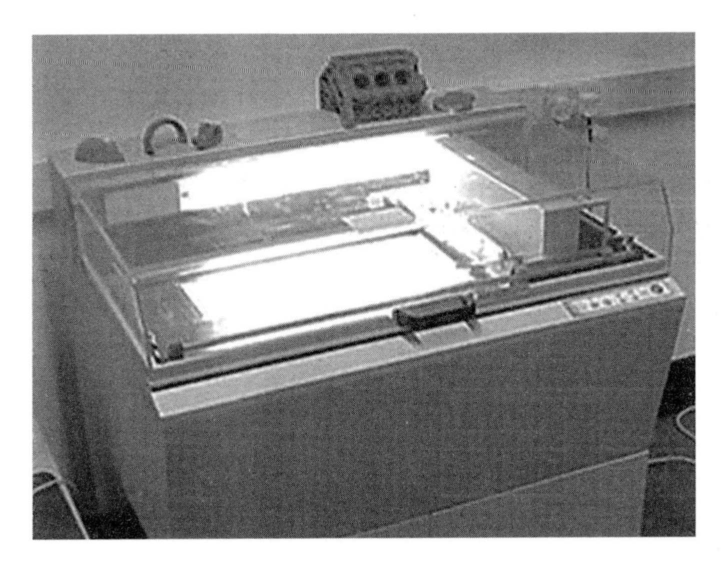

图 7-26　喷射黏结剂的 3DP 设备——ZPrinter® 402

本章参考文献

[1] LEE W C, WEI C C, CHUNG S C. Development of a hybrid rapid prototyping system using low-cost fused deposition modeling and five-axis machining[J]. Journal of Materials Processing Technology, 2014, 214(11): 2366-2374.

[2] CHOI J W, MEDINA F, KIM C, et al. Development of a mobile fused deposition modeling system with enhanced manufacturing flexibility[J]. Journal of Materials Processing Technology, 2011, 211(3): 424-432.

[3] GIBSON I, ROSEN D, STUCKER B. Additive manufacturing technologies: 3D printing, rapid prototyping, and direct digital manufacturing [M]. 2nd ed. New York: Springer Science+Business Media, 2015.

[4] CHUA C K, LEONG K F, LIM C S. Rapid prototyping: principles and applications[M]. 2nd ed. Singapore: World Scientific Publishing Company, 2003.

[5] SACHS E, CIMA M, CORNIE J. Three-dimensional printing: rapid tooling and prototypes directly from a CAD model[J]. CIRP Annals, 1990,

39(1):201-204.

[6] KULKARNI P, MARSAN A, DUTTA D. A review of process planning techniques in layered manufacturing[J]. Rapid Prototyping Journal, 2000, 6(1):18-35.

[7] FOK K Y, CHENG C T, TSE C K, et al. A relaxation scheme for TSP-based 3D printing path optimizer[C]. Proceedings of International Conference on Cyber-Enabled Distributed Computing and Knowledge Discovery, CyberC. New York: IEEE, 2016.

[8] MURR L E, GAYTAN S M, RAMIREZ D A, et al. Metal fabrication by additive manufacturing using laser and electron beam melting technologies[J]. Journal of Materials Science & Technology, 2012, 28(1): 1-14.

第 8 章
增材制造设备的预热控制部件

8.1 预热控制的方法

增材制造设备的预热控制包括热的产生和温度检测两部分。增材制造设备有些需要预热控制，有些不需要预热控制。

需要预热控制的增材制造设备包括 SLS、SLM、EBM、FDM；不需要预热控制的增材制造设备包括 SLA、LOM。在 FDM 设备中 ABS 材料成型需要预热控制，而 PLA 材料成型不需要预热控制。EBM 设备的预热控制是通过电子束按一定的路径扫描工作平台来加热工作室实现的，而 SLM 设备的预热控制是用激光光束扫描工作平台来加热工作室或采用加热管热辐射方式对粉末材料进行加热实现的。EBM 设备的电子束、SLS 设备和 SLM 设备的激光光束的预热强度不能过大，以免损坏工作室。FDM 设备的预热控制是通过电阻丝加热实现的，该电阻丝贴在工作平台上。

在温度检测方面，增材制造设备一般采用热电偶、热敏电阻和红外线温度检测仪。SLS、SLM 和 EBM 设备一般采用热电偶或红外线温度检测仪进行温度检测，而 FDM 设备采用热敏电阻进行温度检测。

8.2 SLS、SLM 和 EBM 设备的预热控制部件

金属粉末选择性烧结包括激光光束式烧结和电子束式烧结。

在输出功率方面，激光光束式烧结功率较小，而电子束式烧结功率较大。一般激光光束式烧结可实施预热，也可不实施预热，电子束式烧结需要实施预热。电子束式烧结是指利用 EBM 扫描速度快和功率大的优势，用电子束快速扫描工作平台使之整体预热，再进行烧结。而采用激光光束加工时，也可用外加电阻加热丝的预热方法预热。实施预热与不实施预热对造型后残余应力的

大小有不同的影响，残余应力与成型件是否出现裂纹有关。

SLS 设备的预热控制如图 8-1 所示。安装加热管时，加热管不能挡住激光光束。加热管呈方形排布，共四根加热管，对加热室进行加热。

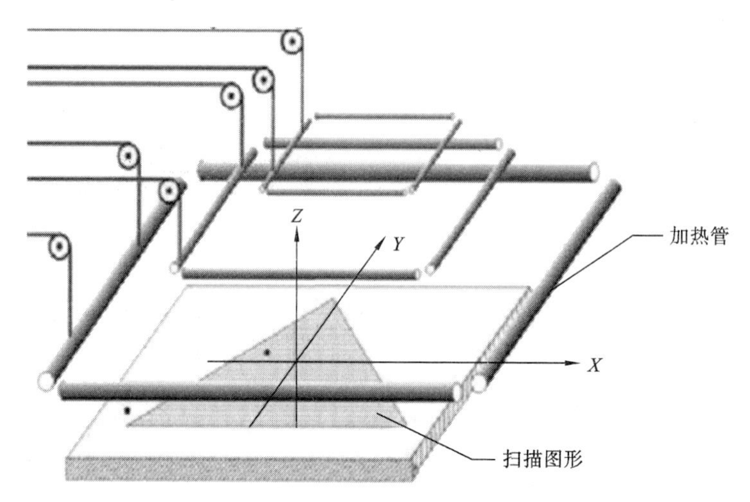

图 8-1　SLS 设备的预热控制

SLS 和 SLM 的预热控制一般用激光光束预热工作平台，用发热管加热周边。周边用发热管加热用于 SLS 对非金属材料的预热控制。

在 SLM 设备中，对于陶瓷材料，要采用较高的预热温度，一般对工作平台预热到 1500 ℃以上，预热温度过低时成型件容易破裂。

在 SLM 设备中，对于钛合金材料，预热温度一般在 850 ℃以上。

LCF 设备的预热控制通过对熔覆区进行预热实现，预热温度为 600 ℃，采用这个温度可降低成型件出现裂纹的可能性。

SLM 250 加工不锈钢材料时，采用 100 ℃进行预热。

用 SLS 设备加工非金属材料时，预热温度不能高于材料的热变形温度，否则会引起成型件的变形和破裂。几种塑料的热变形温度如表 8-1 所示。

表 8-1　几种塑料的热变形温度

材　　料	拉伸强度/MPa	拉伸模量/MPa	断裂时延伸率/(%)	热变形温度/℃
ABS	46	2000	40	110
ABS-M30	36	2	4	110

续表

材　　料	拉伸强度 /MPa	拉伸模量 /MPa	断裂时延伸率/(%)	热变形温度 /℃
ULTEM 9085	72	2200	6	153
Accura 60	60	3000	1422	50
Somos Nano Tool 纳米复合材料	62～78	11000	0.7～1	225 (UV＋加热后固化:260)
FullCure 720	60	2870	20	49
Pa 2200	45	1700	20	140

如图 8-2 所示，SLM 设备采用激光扫描系统对粉末进行预热，采用红外线温度检测仪进行温度检测。

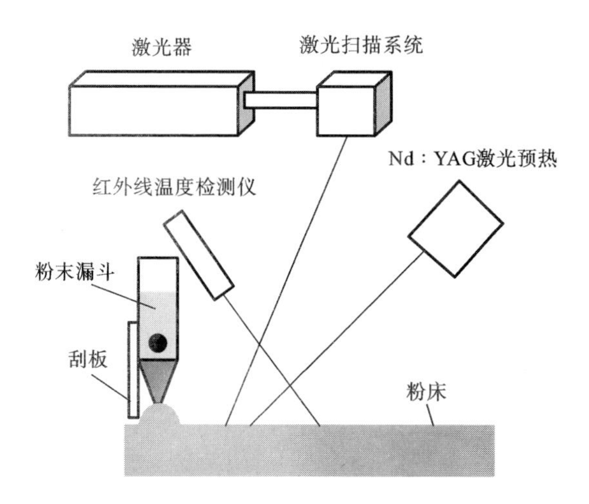

图 8-2　SLM 设备的预热控制

8.3　FDM 设备的预热控制部件

使用 ABS 和 PLA 材料进行 FDM 加工时，两种材料的成型件产生的翘边程度不一样。对翘边严重的 FDM 加工，通过预热工作平台可减少成型件翘边。由于 ABS 材料的成型件受热后容易翘边，FDM 加工时要对床面进行预热；而由于 PLA 材料的成型件受热后不易翘边，FDM 加工时不用预热。

1. FDM 设备的加热床

(1) 加热床由一块硼酸玻璃板、印刷加热电路板和温度传感器组成。印刷加热电路板采用类似电阻丝的铜箔作加热器。温度传感器采用热敏电阻。

(2) 加热床也可由一块铝合金板、印刷加热电路板和温度传感器组成。

FDM 设备采用 ABS 材料时喷嘴的预热温度选择 200～300 ℃,加热床的温度需要 100 ℃左右。在图 8-3 中,加热床由顶层和底层构成,其中顶层是工作平台的支撑部分,由金属或玻璃制成,用来传热和支撑,底层是由发热电阻丝做成的网状加热层,并贴有热敏电阻以供温度检测用。在 FDM 设备的预热控制的参数选择上,印刷加热电路板的输出功率取决于电阻丝的电阻与外加的电压。例如,对于单电阻丝供电,如果电阻为 1～1.3 Ω,供电电压为 12 V,则网状电阻丝的功率是 120 W。

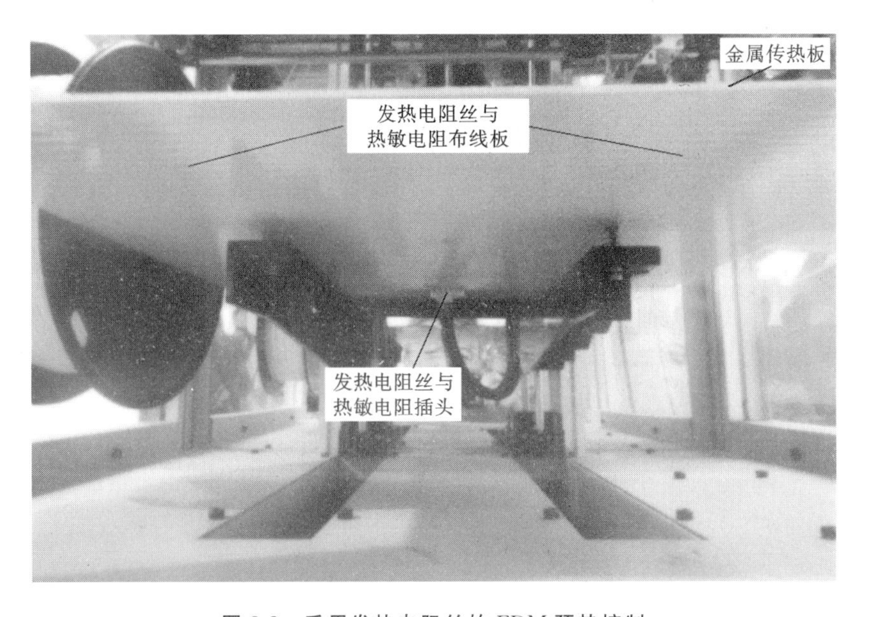

图 8-3　采用发热电阻丝的 FDM 预热控制

对于面积较大的工作平台,可采用分区控制,例如,将工作平台划分成 4 个矩形区,采用 4 组发热电阻丝分别进行控制,如图 8-4 所示。

2. 热敏电阻

热敏电阻用于检测预热板的温度,加热电阻丝用于给工作平台加热。在图 8-5 中,采用两根发热电阻丝,单根发热电阻丝的电阻为 2.5 Ω;采用双电源接线,12 V 和 24 V 双电源供电;接线端子有三个;发热电阻丝加热的功率为 120

图 8-4 FDM 多块预热板拼接

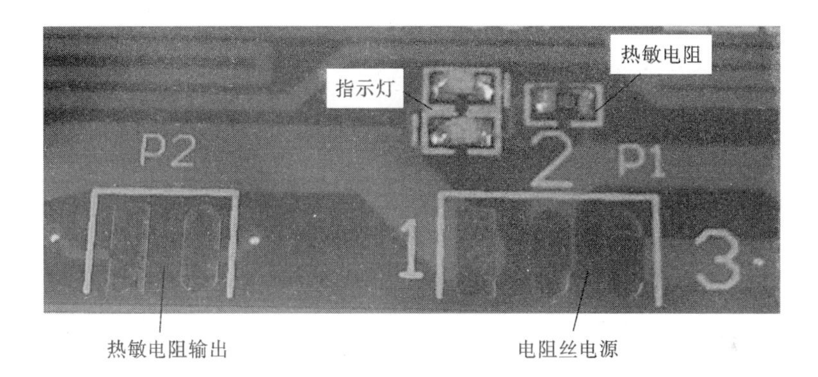

图 8-5 热敏电阻的安装

W 左右。热敏电阻采用 1 Ω 左右,该热敏电阻安装在预热板的边上。

(1) 12 V 供电接法:一根线接端子 1,另外一根线同时接端子 2、3,这两根线的电阻均为 2.5 Ω。

(2) 24 V 供电接法:一根线接端子 2,另外一根线接端子 3(端子 1 悬空不接),两根线串联的电阻为 5.0 Ω。

在较精确测量预热板的温度时,将热敏电阻安装在预热板的中部,而不是加热板的边上,如图 8-6 所示。

预热控制的加热电阻丝分布如图 8-7 所示。加热方法可采用在板上印制加热电阻丝,或在板上铺设加热电阻丝。

预热控制的板面拼装如图 8-8 所示。当预热面积较大时,要用多块预热板拼装。

图 8-6　安装在预热板中部的热敏电阻

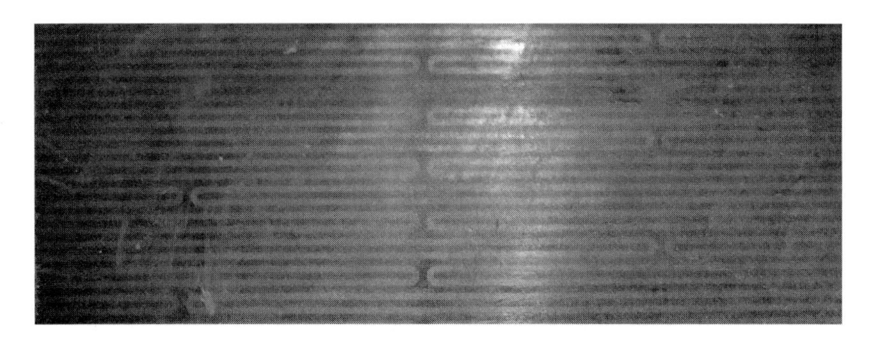

图 8-7　预热控制的加热电阻丝分布

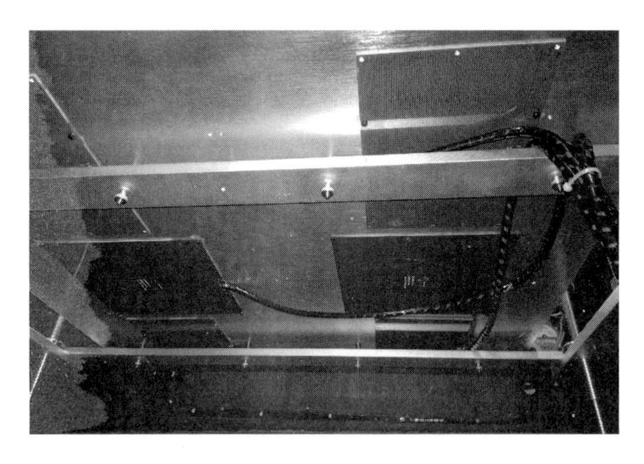

图 8-8　预热控制的板面拼装

FDM 设备的预热包括对打印头输出的预热和对工作平台的预热。预热控制的温度界面如图 8-9 所示。

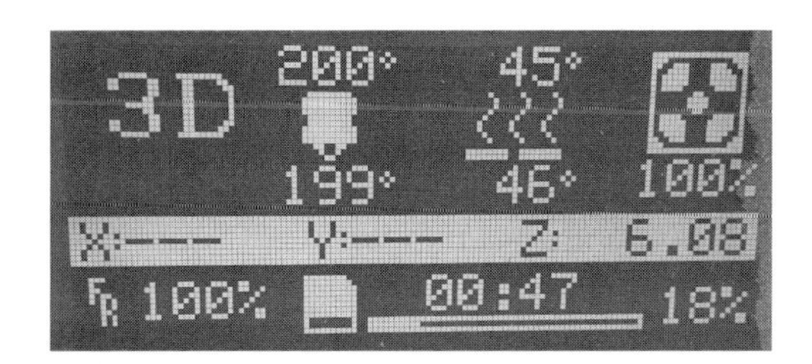

图 8-9　预热控制的温度界面

本章参考文献

[1] SHI Y S, YAN C Z, WEI Q S, et al. Large-scale equipment and higher performance materials for laser additive manufacturing[C]// Proceedings of the 1st International Conference on Progress in Additive Manufacturing. Singapore: Research Publishing Services, 2014.

[2] WU W J, TOR S B, CHUA C K, et al. Preliminary investigation on SLM of ASTM A131 EH36 high tensile strength steel for shipbuilding applications[C]// Proceedings of the 1st International Conference on Progress in Additive Manufacturing. Singapore: Research Publishing Services, 2014.

[3] BERGER U. A survey of additive manufacturing processes applied on the fabrication of gears[C]//Proceedings of the 1st International Conference on Progress in Additive Manufacturing. Singapore: Research Publishing Services, 2014.

[4] LIU Q, DANLOS Y, SONG B, et al. Effect of high-temperature preheating on the selective laser melting of yttria-stabilized zirconia ceramic[J]. Journal of Materials Processing Technology, 2015, 222: 61-74.

[5] GUSSONE J, HAGEDORN Y C, GHEREKHLOO H, et al. Microstructure of γ-titanium aluminide processed by selective laser melting at elevated temperatures[J]. Intermetallics, 2015, 66: 133-140.

[6] HE W W, JIA W P, LIU H Y, et al. Research on preheating of titanium alloy powder in electron beam melting technology[J]. Rare Metal Materials and Engineering, 2011, 40(12): 2072-2075.

[7] ALIMARDANI M,FALLAH V,KHAJEPOUR A,et al. The effect of localized dynamic surface preheating in laser cladding of stellite 1[J]. Surface and Coatings Technology, 2010,204(23):3911-3919.

[8] GIBSON I, ROSEN D, STUCKER B. Additive manufacturing technologies: 3D printing, rapid prototyping, and direct digital manufacturing [M]. 2nd ed. New York:Springer Science+Business Media,2015.

[9] CHUA C K,LEONG K F,LIM C S. Rapid prototyping: principles and applications[M]. 2nd ed. Singapore:World Scientific Publishing Company,2003.

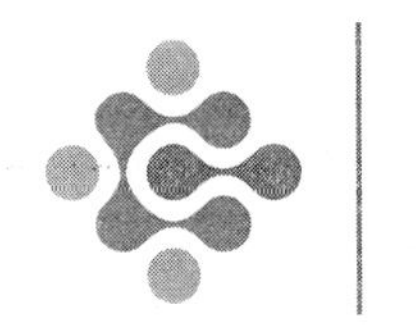

第9章 增材制造材料

增材制造材料的种类影响增材制造成型件的成型速度、加工精度和物理化学性能，影响增材制造成型件的应用和用户对增材制造设备的选择。一般采用微组织结构分析法对增材制造材料的性能进行分析。

9.1 增材制造材料的分类

增材制造材料可按材料的成型方法、物理状态、化学性能、成型步骤分类。一般按材料的化学性能分类。

(1) 按材料的成型方法分类。

增材制造材料分为SLA成型材料、FDM成型材料、LOM成型材料、SLS成型材料等。

(2) 按材料的物理状态分类。

增材制造材料分为液态材料、固态丝状材料、固态粉末材料、固态薄片状材料等。

(3) 按材料的化学性能分类。

增材制造材料分为树脂材料、石蜡材料、金属陶瓷材料和复合材料等。

(4) 按材料的成型步骤分类。

增材制造材料分为直接成型用材料(如反应型聚合物、非反应型聚合物、纸、金属、砂、陶瓷等)和间接成型用材料(如硅橡胶、金属基复合材料、陶瓷基复合材料等)。

9.2 增材制造工艺对材料性能的要求

9.2.1 增材制造中的材料工艺问题

1. 与成型过程有关的材料工艺问题

在材料的成型方面，材料必须容易固化黏结，成型后还需具有一定的连接强度。例如，在SLS固化黏结过程中除了要求用小光斑激光器以外，还要求材料本身的热影响区小，成型边界清晰，烧结后的内应力小，要容易被激光穿透以保证成型深度。固态粉末的颗粒度要合适。其颗粒太大，则成型精度低，粉末不容易烧结；其颗粒太小，则烧结深度浅，粉末容易飞扬。

2. 与成型件性能有关的材料工艺问题

在成型过程中材料收缩变形要小，以实现较小层厚，保证成型精度。成型件要具有足够的强度、韧性，要耐潮湿和抗冲击，用作模具时还要求合适的热物理性能，在使用寿命内成型件要稳定，对人体无毒无害，有时还要具有某种颜色（或透明）。当SLS成型件用作注射模具时，要求材料满足抗压强度、抗拉强度、抗剪强度、抗弯强度、冲击韧度、耐磨性、表面硬度、热膨胀系数和导热系数等性能要求。

9.2.2 增材制造技术对材料性能的总体要求

增材制造技术有很多成型工艺，不同的成型工艺需要采用不同的材料。例如，LOM要求易切割的片材，SLS要求颗粒度较小的粉末，SLA要求可光固化的液态树脂，FDM要求可熔融的丝状材料。增材制造技术对材料性能的总体要求如下。

（1）适合加工成型件。

（2）材料的力学性能、物理化学性能及加工性能等满足使用要求。

增材制造的应用目标为：概念型、测试型、模具型、功能零件。不同的应用目标对成型材料的要求也不同。

概念型对材料成型精度和物理化学性能要求不高，主要要求成型速度快。例如，对光敏树脂，要求较低的临界曝光功率、较大的穿透深度和较低的黏度。

测试型对成型件的强度、刚度、耐温性、耐蚀性等有一定要求，以满足测试要求。如果用于装配测试，则对成型件的精度有一定要求。

模具型要求材料适应模具制造要求，例如，对消失模铸造用原型，要求材料易于去除。

功能零件则要求材料具有较好的力学性能和化学性能。

9.3 增材制造工艺常用的材料

9.3.1 SLA打印材料

SLA打印材料一般为液态光敏树脂，如光敏乙烯醚、光敏环氧树脂、光敏环氧丙烯酸酯、光敏丙烯树脂等。在液槽中盛满液态光敏树脂，利用激光光束对液态光敏树脂进行逐点扫描，被激光光束扫描到的液态光敏树脂固化。在加工中要求 SLA 材料要符合黏度低、固化收缩率小、一次固化率高等条件。

已商业化的 SLA 材料主要有四大系列：Cibatool 公司的 Cibatool 系列、DuPont 公司的 SOMOS 系列、Zeneca 公司的 Stereocal 系列和 RPC 公司（瑞典）的 RPCure 系列。Cibatool 公司用于 SLA-3500 的 Cibatool 5510 可以实现较高的成型速度和成型精度，并具有良好的防潮性能；Cibaltool SL-5210 主要应用于要求防热、防湿的环境，如水下作业条件；SOMOS 系列有 SOMOS 8120，该材料在性能上类似于聚乙烯和聚丙烯，有很好的防潮、防水性能，特别适用于制造功能零件。

SLA 液态光敏树脂一般由光引发剂和树脂组成，其中树脂由预聚物、稀释剂及少量助剂组成。其性能特征对成型件的质量具有决定性影响。

SLA 液态光敏树脂通常为液态热固性光敏树脂，其从液态变成固态时会发生收缩，产生内部残余应力并发生应变变形。

激光诱导光敏树脂聚合过程的机理研究是提高成型精度和聚合物材料性能的必要步骤。目前其固化的机理还不十分清楚，这是因为材料特性，如光学特性、化学特性和力学特性的相互作用，使过程复杂化。

液态热固性光敏树脂用于为产品和模型的 CAD 设计提供样件和试验模型，也可以通过加入其他成分用 SLA 原型模代替熔模精密铸造中的蜡模来间接生产金属零件，还可以像石蜡铸造中的蜡模那样，采用熔模铸造方式生产各种金属零件。

SLA 材料的发展趋势如下。

(1) 复合材料。

在 SLA 光敏树脂中加入纳米陶瓷粉末、短纤维等，可改变材料的强度、耐热性等。

(2) 作为结构的载体。

SLA 光固化零件作为壳体，在其中充填功能性材料，如生物活性物质，高温下，将其烧蚀，制造功能零件。

(3) 开发性能更好的材料。

SLA 工艺成型速度快，精度高，适合制造细、薄零件和具有中空结构的零件。光敏树脂在固化过程中发生收缩，不可避免地会使模型材料内部产生应力或引起模型变形，因此开发收缩率小、固化速度快、强度高、价格低廉的光敏树脂材料是其发展趋势。

9.3.2 FDM 打印材料

FDM 打印材料包括成型材料和支撑材料。成型材料主要有 ABS、MABS(methyl methacrylate acrylonitrile butadiene styrene,甲基丙烯酸甲酯-丙烯腈-丁二烯-苯乙烯)塑料丝、蜡丝、聚烯烃树脂、尼龙丝及聚酰胺丝等。目前市场上 FDM 材料主要是美国 Stratasys 公司的丙烯腈-丁二烯-苯乙烯聚合物细丝(ABS P400)、甲基丙酸烯-丙烯腈-丁二烯-苯乙烯聚合物细丝(ABSi P500)、塑料丝(Elastomer E20)。FDM 工艺对成型材料的相关要求如下。

(1) 黏度。材料的黏度低则流动性高,阻力小,有助于材料挤出。材料的黏度高则流动性低,送丝压力大,影响成型精度。

(2) 熔融温度。熔融温度低则材料可以在较低温度下挤出,有利于延长喷头和整个机械系统的工作寿命。

(3) 黏结性。黏结性过低,在成型过程中热应力导致成型件层间开裂,产生裂纹。

(4) 收缩率。喷头内部需要保持一定的压力才能将材料顺利挤出,挤出后丝状材料丝发生一定程度的膨胀,会导致喷头挤出的丝状材料直径与喷嘴的名义直径相差太大,从而影响材料的成型精度。因此,材料的收缩率不能对压力太敏感。

(5) 化学稳定性。FDM 材料属于丝状热塑性材料,在发生固态-液态-固态转变时要有较高的化学稳定性。

(6) 强度。材料要有一定的强度。

9.3.3 LOM 打印材料

LOM 打印材料包括薄层材料和黏结剂。薄层材料包括纸材、塑料薄膜、金属铂、陶瓷片材和复合材料片材等。对于薄层材料,要求厚薄均匀、力学性能良好并与黏结剂有较好的润湿性、涂挂性和黏结能力。LOM 黏结剂通常为加有某些特殊添加剂组分的热熔性黏结剂。

LOM 薄层材料主要采用纸材。对 LOM 纸材的要求如下。

(1) 抗湿性高。保证不会因时间长而吸水,从而保证热压过程中不会因水分的损失而导致变形及黏结不牢。

(2) 抗拉强度大。保证在加工过程中不被拉断。

(3) 收缩率小。保证热压过程中不会因部分水分损失而导致变形,可用纸的伸缩率参数量度。

(4) 剥离性能好。保证剥离时不被破坏。

(5) 当LOM成型件作为消失模进行精密熔模铸造时，要求高温灼烧时LOM成型件的发气速度较小，发气量及残留灰分较少。

9.3.4 SLS打印材料

SLS打印材料通常为微米级粉末材料。成型时，在预热温度下，在工作平台上先用铺粉辊筒铺一层粉末，激光光束在计算机的控制下，根据切片平面轮廓的信息，选择性地对粉末进行扫描，使粉末的温度升至熔点，粉末熔融而相互黏结，逐步得到各层。非烧结区的粉末用于支撑成型件和下一层粉末。

受热后能相互黏结的粉末材料或加有黏结剂的粉末材料一般能用作SLS材料。SLS材料要有良好的热塑性、导热性和黏结强度；粉末材料的粒度不宜过大，否则会降低成型件的质量。

1. 对SLS材料的基本要求

(1) 要具有良好的烧结成型性能。

(2) 对于直接用作功能零件或模具的成型件，其力学性能和物理性能，如强度、刚性、热稳定性、导热性及加工性能等，要满足使用要求。

(3) 成型件间接使用时，要有利于快速、方便地进行后续的处理和加工工序。

2. 商业化的SLS材料的分类

(1) 高分子粉末材料。

① Polycarbonate(聚碳酸酯粉末)，其热稳定性良好，可用于精密铸造。

② DuraForm GF(添加玻璃珠的尼龙粉末)，其热稳定性、化学稳定性优良，尺寸精度很高。

③ CasTForm(聚苯乙烯粉末)，需要用铸造蜡处理，以提高成型件的强度，完全与失蜡铸造工艺兼容。

④ DuraForm PA(尼龙粉末)，其热稳定性、化学稳定性优良。

⑤ Somos 201(弹性体高分子粉末)，其类似于橡胶产品，具有很高的柔性。

(2) 金属粉末材料。

常用的金属粉末有以下三种。

① 单一成分的金属粉末。

② 金属粉末与黏结剂的混合体。

③ 两种金属粉末的混合体。一种金属粉末熔点高，另一种金属粉末熔点低，熔点低的金属粉末把熔点高的金属粉末黏结起来，所得成型件的力学性能较差。

金属粉末材料包括直接成型金属粉末材料与间接成型金属粉末材料。已商业化的间接成型金属粉末材料有以下几种。

① LaserForm ST-100(包裹高分子材料的不锈钢粉末)。

② RapidSteel 2.0(包裹高分子材料的金属粉末)。

③ Copper Polyamide(铜/尼龙复合粉末)。

已商业化的直接成型金属粉末材料为 DirectSteel 20-V1(混有其他金属粉末的钢粉末)。

(3) 陶瓷粉末材料。

陶瓷的熔点很高,采用 SLS 工艺烧结陶瓷粉末时,在陶瓷粉末中加入低熔点的黏结剂。烧结时先将黏结剂熔化,再利用熔化的黏结剂将陶瓷粉末黏结起来成型。市场上的陶瓷粉末有 Al_2O_3、SiC、ZrO_2 等,黏结剂分为无机黏结剂、有机黏结剂和金属黏结剂三种。

(4) 覆膜砂粉末材料。

已商业化的覆膜砂粉末材料有以下几种。

① SandForm ZrⅡ(高分子裹覆的锆石粉末)。

② SandForm Si(高分子裹覆的石英砂粉末)。

③ EOSINT-S700(高分子覆膜砂)。

覆膜砂粉末材料主要用于制造精度要求不高的成型件。

9.3.5 金属粉末材料的 SLM 与 EBM 打印的扫描电子显微镜图分析

市场上 SLM 与 EBM 用金属粉末材料主要有三种:钛合金 Ti6Al4V、钴铬(Co-Cr)合金和不锈钢 316L。

图 9-1 所示为 Ti6Al4V 粉末的扫描电子显微镜(SEM)图。

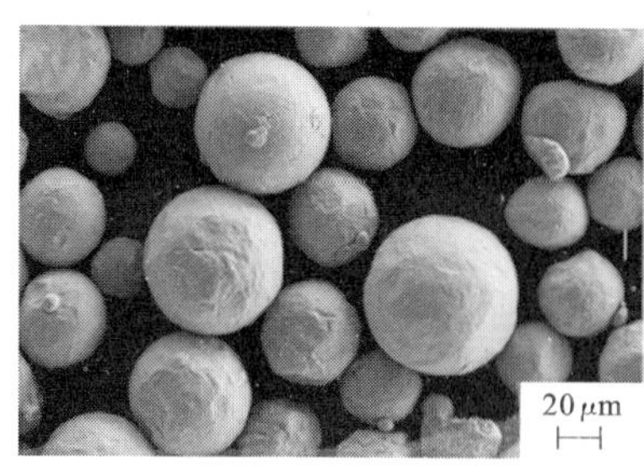

(a) 粒径为45~100 μm的Ti6Al4V粉末

20 μm

(b) 粒径为25~45 μm的Ti6Al4V粉末

图 9-1 Ti6Al4V 粉末的扫描电子显微镜(SEM)图

图9-2所示为不同工艺下Ti6Al4V材料的样品及其外表面的扫描电子显微镜图。

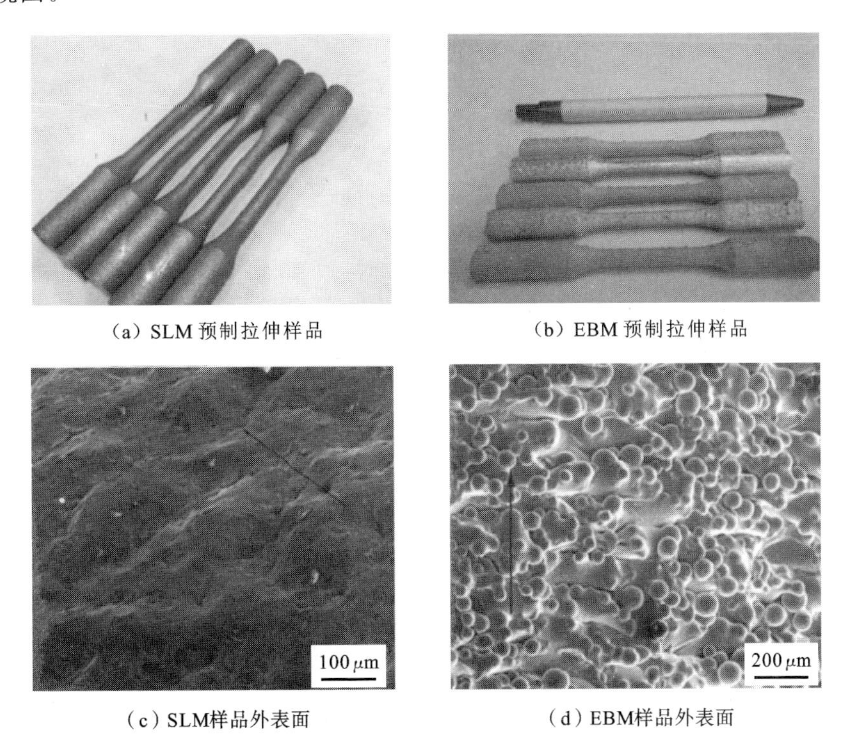

(a) SLM预制拉伸样品　(b) EBM预制拉伸样品

(c) SLM样品外表面　(d) EBM样品外表面

图9-2　不同工艺下Ti6Al4V材料的样品及其外表面的扫描电子显微镜图

激光烧结钴铬(Co-Cr)合金的扫描电子显微镜图显示经热处理的试样有裂纹,如图9-3所示。进行热处理的目的是释放残余应力。

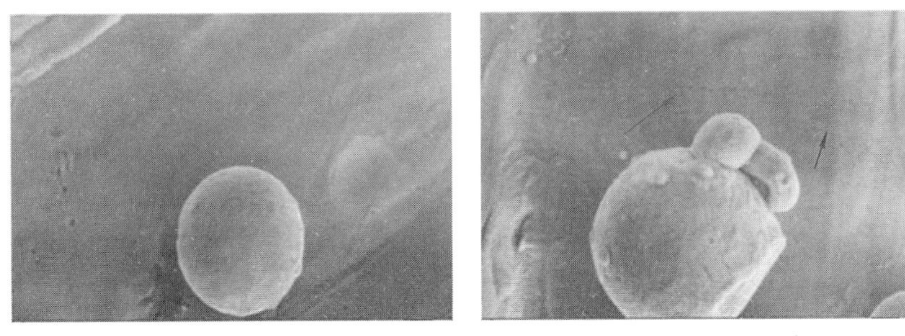

(a) 无热处理，无裂纹　(b) 经热处理，有裂纹（箭头所指）

图9-3　激光烧结钴铬(Co-Cr)合金的扫描电子显微镜图

不锈钢316L的扫描电子显微镜图如图9-4所示。

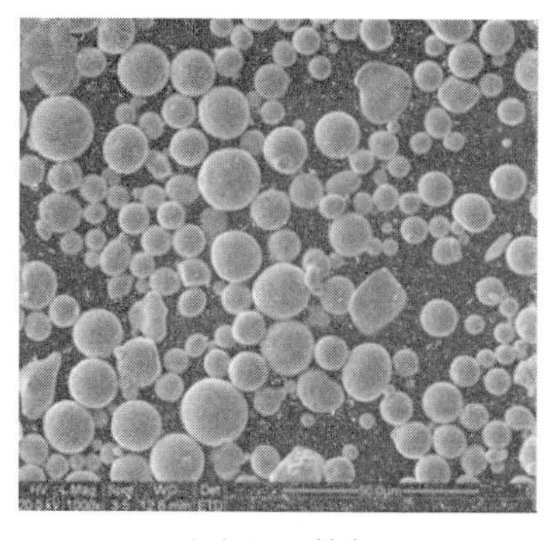

（a）316L粉末

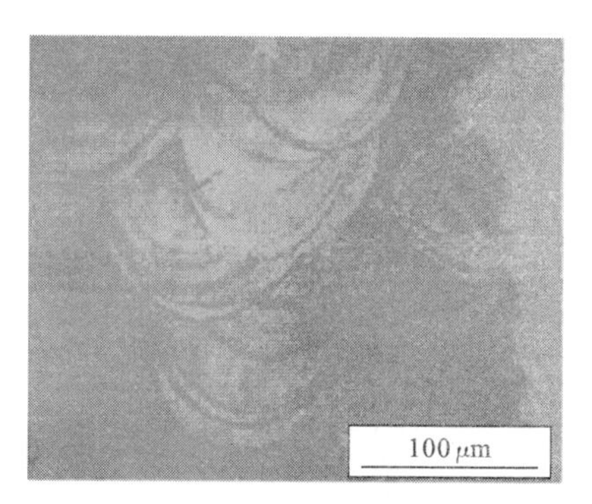

（b）SLM试样的微结构

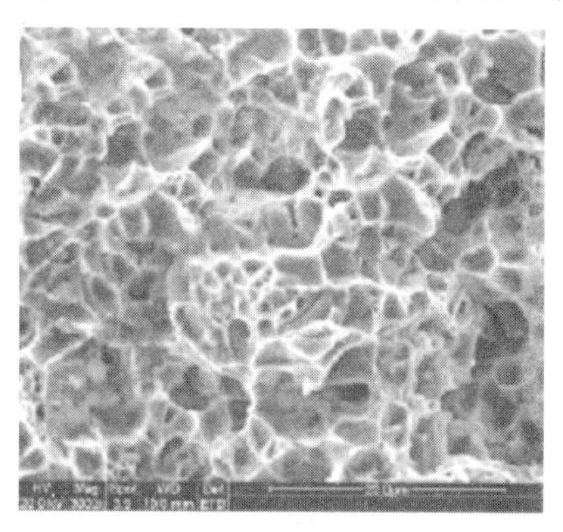

（c）裂纹

图 9-4　不锈钢 316L 的扫描电子显微镜图

在 SLM 工艺中，不锈钢 316L 的熔化程度与激光功率有关。从图 9-5 中可以看出，激光功率越大，熔化程度越高。

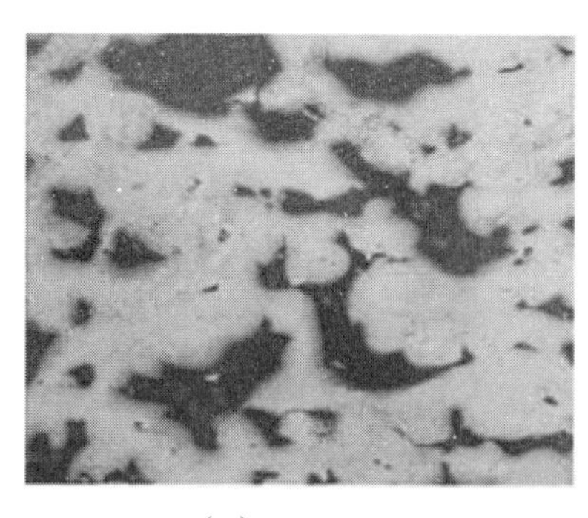

（a）P=130 W

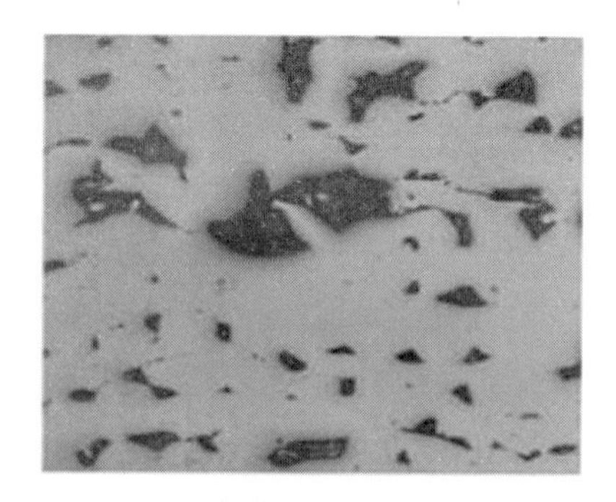

（b）P=145 W

图 9-5　不锈钢 316L 的熔化程度与激光功率的关系（扫描电子显微镜图）

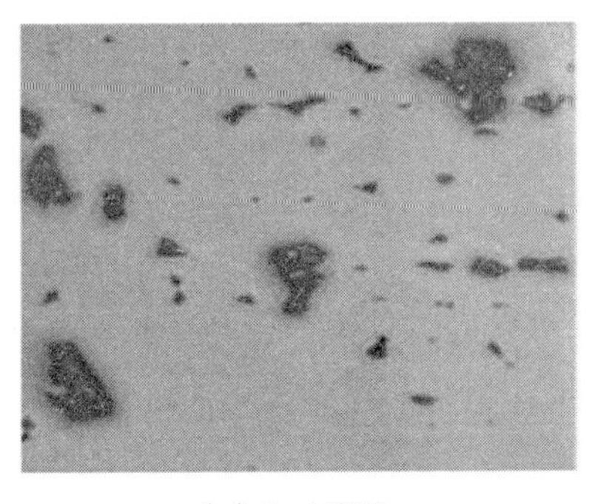

(c) P=160 W

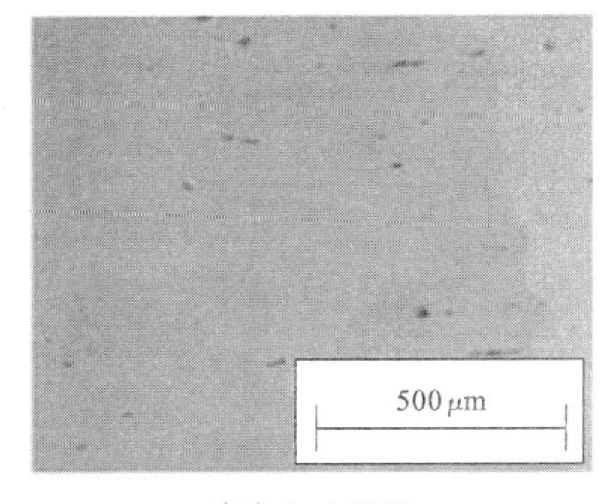

(d) P=185 W

续图 9-5

本章参考文献

[1] TORRADO A R,SHEMELYA C M,ENGLISH J D,et al. Characterizing the effect of additives to ABS on the mechanical property anisotropy of specimens fabricated by material extrusion 3D printing[J]. Additive Manufacturing,2015, 6: 16-29.

[2] ALIFUI-SEGBAYA F,EVANS J,EGGBEER D,et al. Clinical relevance of laser-sintered Co-Cr alloys for prosthodontic treatments: a review[C]// Proceedings of the 1st International Conference on Progress in Additive Manufacturing. Singapore:Research Publishing Services,2014.

[3] SHI Y S,YAN C Z,WEI Q S,et al. Large-scale equipment and higher performance materials for laser additive manufacturing[C]//Proceedings of the 1st International Conference on Progress in Additive Manufacturing. Singapore:Research Publishing Services,2014.

[4] KARLSSON J,SNIS A,ENGQVIST H,et al. Characterization and comparison of materials produced by electron beam melting (EBM) of two different Ti-6Al-4V powder fractions[J]. Journal of Materials Processing Technology, 2013,213(12):2109-2118.

[5] RAFI H K,KARTHIK N V,GONG H J,et al. Microstructures and mechanical properties of Ti6Al4V parts fabricated by selective laser melting

and electron beam melting[J]. Journal of Materials Engineering and Performance, 2013,22: 3872-3883.

[6] FACCHINI L, MAGALINI E, ROBOTTI P, et al. Microstructure and mechanical properties of Ti-6Al-4V produced by electron beam melting of pre-alloyed powders[J]. Rapid Prototyping Journal, 2009,15(3):171-178.

[7] BIEMOND J E, HANNINK G. VERDONSCHOT N, et al. Bone ingrowth potential of electron beam and selective laser melting produced trabecular-like implant surfaces with and without a biomimetic coating[J]. Journal of Materials Science: Materials in Medicine, 2013, 24:745-753.

[8] GIBSON I, ROSEN D, STUCKER B. Additive manufacturing technologies: 3D printing, rapid prototyping, and direct digital manufacturing [M]. 2nd ed. New York:Springer Science+Business Media,2015.

[9] CHUA C K, LEONG K F, LIM C S. Rapid prototyping: principles and applications[M]. 2nd ed. Singapore:World Scientific Publishing Company, 2003.

第10章 增材制造在工业上的应用

10.1 概述

增材制造技术的最初应用主要集中在产品开发中的设计评价和功能试验上。设计人员根据使用增材制造技术制得的试件原型对产品的设计方案进行分析和评价，以缩短产品的开发周期、降低设计费用。经过几十年的发展，增材制造技术早已突破了其最初意义上的“原型”概念，向着快速零件、快速工具等方向发展。

目前增材制造技术已得到了工业界的普遍关注，尤其是在家用电器、汽车、轻工业产品、建筑模型、医疗器械、航天等很多领域得到了广泛的应用。其用途主要体现在以下几个方面。

(1) 新产品研制开发阶段的试验验证。

(2) 新产品投放市场前的调研和宣传，如建筑模型广告的实物模型打印。

(3) 基于增材制造技术的快速制模(rapid tooling，RT)。

成型件由于增材制造技术对使用材料的限制，并不能够完全代替最终的产品。在新产品功能检验、投放市场试运行以获得用户使用后的反馈信息和小批量生产等方面，仍需要使用由实际材料制造的产品。因此，需要利用成型件作为母模来翻制模具，便产生了基于增材制造的快速制模技术。

10.2 快速制模中的增材制造

10.2.1 快速制模中的增材制造

基于增材制造的快速制模技术提供了一条从模具的CAD模型直接制造实体模具的新的概念和方法。它将模具的概念设计和加工工艺集成在一个计算机辅助设计/计算机辅助制造(CAD/CAM)系统内,并用增材制造技术制出母模。

基于增材制造的快速模具按功能用途分为塑料模、铸(型)模、冲压模、锻造模及石墨电极研磨母模;按制模材料分为简易模(也称为软模、经济模或非钢制模)和钢制硬模。根据不同的制模工艺方法,快速模具可分为直接快速模具和间接快速模具。直接快速模具,即增材制造模具,将成型件直接作为成型模具。间接快速模具,即型腔复制模具,以成型件为母模,通过型腔复制来制作模具。

基于增材制造的快速制模技术多采用间接制模法。它先用增材制造技术加工出实物模型,再间接制作模具。根据材质的不同,用间接制模法制作的模具一般分为软质模具和硬质模具两大类。

软质模具的制造方法主要有树脂浇注法、金属喷涂法、电铸法、硅橡胶浇注法等。

1. 硅橡胶模的制造与硅橡胶件的浇注

先用 FDM 工艺制作硅橡胶模,如图 10-1 所示,再用该硅橡胶模浇注硅橡胶件,如图 10-2 所示。

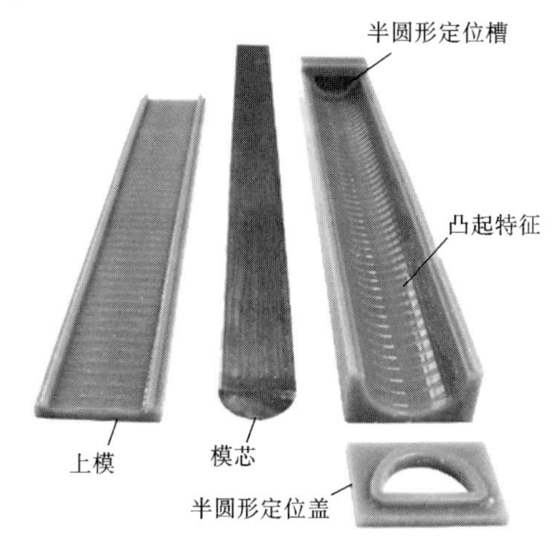

图 10-1　FDM 打印硅橡胶模

硅橡胶模由于具有良好的柔性和弹性,对于结构复杂、花纹精细、无拔模斜度、具有深凹槽的零件,在浇注完成后均可直接取出。硅橡胶模可耐高温并具有良好的复制性和脱模性,因此其在塑料制件和低合金件的制作中具有广泛的用途。硅橡胶模的制作方法主要有两种:一种是真空浇注法,另一种是简便浇注法。

图 10-2　硅橡胶件的浇注

加工出的硅橡胶成型件如图 10-3 所示。

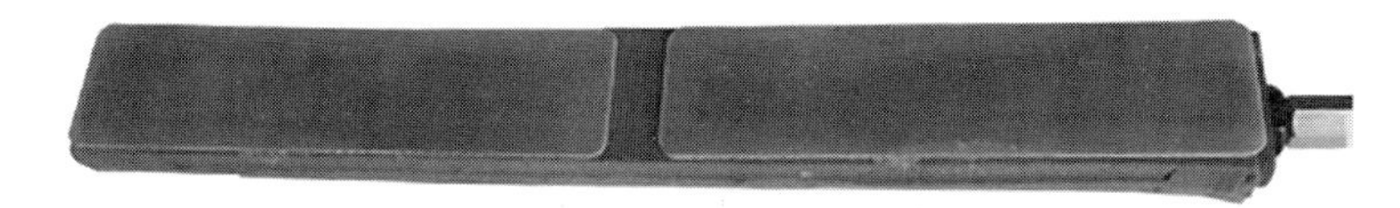

图 10-3　加工出的硅橡胶成型件

2. 树脂浇注模的增材制造

硅橡胶模仅适用于小批量制件的生产。若制件数量较大，则可先采用增材制造技术加工环氧树脂模，再将液态的环氧树脂倒入树脂浇注模。树脂浇注法的工艺过程如下。

（1）制作增材制造成型件。

（2）浇注树脂。

（3）开模取出原型。

3. 金属喷涂模的增材制造

金属喷涂法是以增材制造成型件为基体样模，将低熔点金属或合金喷涂到样模表面上形成金属薄壳，然后背衬充填复合材料来快速制作模具的方法。

4. 电铸模的增材制造

电铸法是采用电化学原理，通过电解液使金属沉积在成型件表面，背衬其他充填材料来制作模具的方法。采用电铸法制作的模具尺寸精度高、复制性高。该方法常用于制作人物造型模具、儿童玩具和鞋模等。

10.2.2 砂模的增材制造

图 10-4 所示为 SLS 打印的大型砂芯。

图 10-4 SLS 打印的大型砂芯

10.2.3 注塑机的注塑模的增材制造

SLM 打印的注塑模，如图 10-5 所示，用该注塑模加工出注塑件，如图 10-6 所示。

图 10-5 SLM 打印的注塑模

图 10-6　用 SLM 打印的注塑模加工注塑件

10.3　建筑应用的增材制造

图 10-7 和图 10-8 所示分别为利用增材制造技术打印的混凝土和建筑物模型。图 10-9 所示为建筑物的增材制造过程示意图。

图 10-7　打印的混凝土

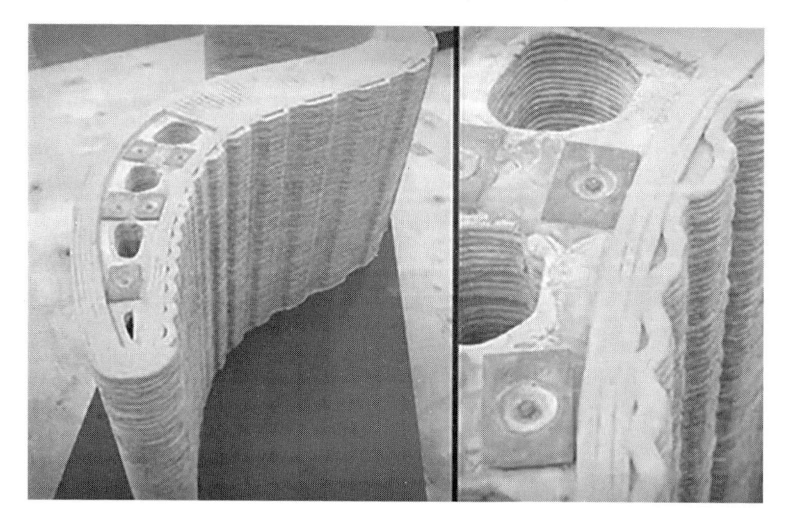

图 10-8 打印的建筑物模型

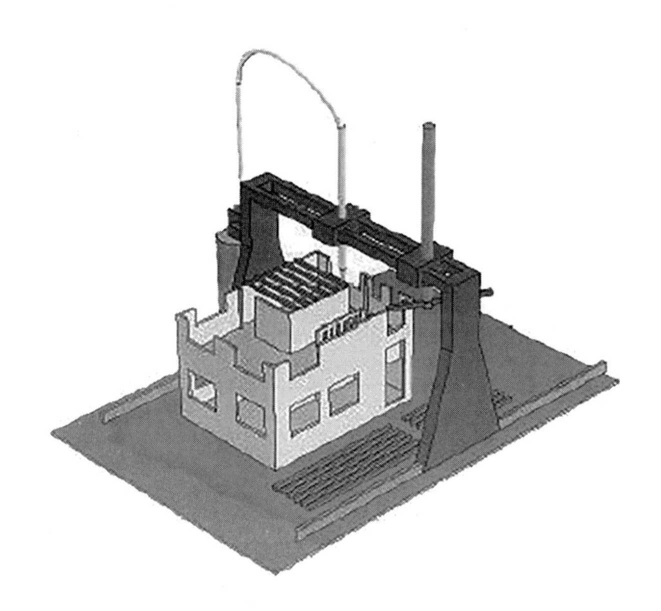

图 10-9 建筑物的增材制造过程示意图

10.4 航空应用的增材制造

SLM 打印的航空发动机涡轮叶片如图 10-10 所示。

EBM 打印的航空发动机涡轮叶片如图 10-11 所示。

图 10-10　SLM 打印的航空发动机涡轮叶片

(a) 长叶片

(b) 短叶片

图 10-11　EBM 打印的航空发动机涡轮叶片

LCF 工艺常用于受损零件的表面修复。大型零件的表面修复如图 10-12 所示。航空发动机涡轮叶片的修复如图 10-13 所示。

图 10-12 大型零件的表面修复

图 10-13 航空发动机涡轮叶片的修复

10.5 食品工业应用的增材制造

在企业和消费者层面，3D 食品打印还没有得到广泛的应用，主要是因为 3D 打印机的效率、打印的食品结构的稳定性、油墨的性能等还有待提高。

3D 食品打印可用于小批量食品模型的打印和食品打印原料的开发。

采用增材制造技术打印的比萨饼如图 10-14 所示。巧克力打印机如图 10-15 所示。

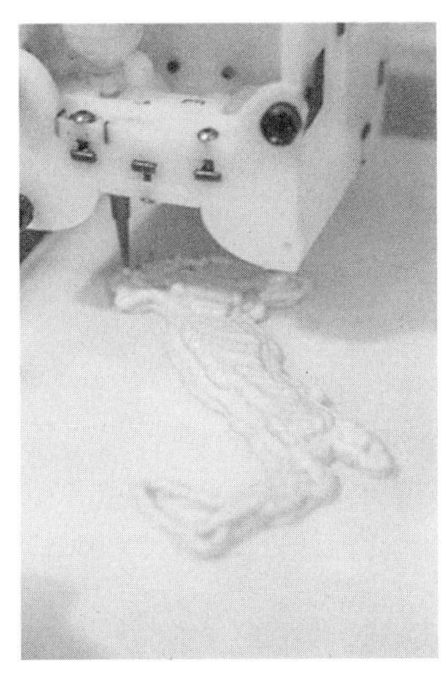

（a）比萨饼面团

（b）铺料

图 10-14 打印的比萨饼

10.6 服装工业的增材制造

在服装工业中，可采用增材制造技术设计服装和打印试样。获取个体尺寸数据，创建 CAD 模型，将服装设计映射到该个体曲线上，获得适合该个体的服装设计，再用 3D 打印机打印服装。图 10-16 所示为 FDM 打印的上衣。

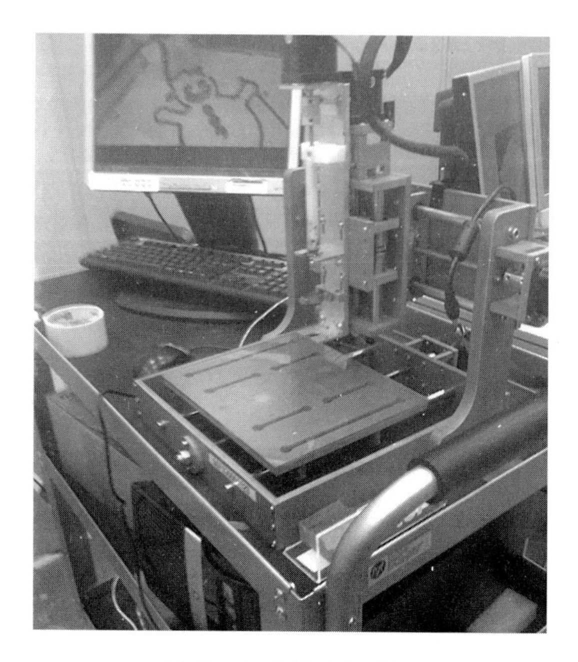

图 10-15　巧克力打印机

（a）示例1

（b）示例2

图 10-16　FDM 打印的上衣

本章参考文献

[1] GALLOWAY K C, POLYGERINOS P, WALSH C J, et al. Mechanically programmable bend radius for fiber-reinforced soft actuators[C]//Proceedings of International Conference on Advanced Robotics(ICAR). New York: IEEE, 2013.

[2] POLYGERINOS P, WANG Z, GALLOWAY K C, et al. Soft robotic glove for combined assistance and at-home rehabilitation[J]. Robotics and Autonomous Systems, 2015, 73: 135-143.

[3] SHI Y S, YAN C Z, WEI Q S, et al. Large-scale equipment and higher performance materials for laser additive manufacturing[C]//Proceedings of the 1st International Conference on Progress in Additive Manufacturing. Singapore: Research Publishing Services, 2014.

[4] LIPTON J I, CUTLER M, NIGL F, et al. Additive manufacturing for the food industry[J]. Trends in Food Science & Technology, 2015, 43(1): 114-123.

[5] WEGRZYN T F, GOLDING M, ARCHER R H. Food layered manufacture: a new process for constructing solid foods[J]. Trends in Food Science & Technology, 2012, 27(2): 66-72.

[6] GIBSON I, ROSEN D, STUCKER B. Additive manufacturing technologies: 3D printing, rapid prototyping, and direct digital manufacturing [M]. 2nd ed. New York: Springer Science+Business Media, 2015.

[7] CHUA C K, LEONG K F, LIM C S. Rapid prototyping: principles and applications[M]. 2nd ed. Singapore: World Scientific Publishing Company, 2003.

[8] OTCU G B, RAMUNDO L, TERZI S. State of the art of sustainability in 3D food printing[C]//Proceedings of International Conference on Concurrent Enterprising. New York: IEEE, 2019.

[9] YANG F, ZHANG M, PRAKASH S, et al. Physical properties of 3D printed baking dough as affected by different compositions[J]. Innovative Food Science & Emerging Technologies, 2018, 49: 202-210.

[10] SUN J, ZHOU W B, YAN L K, et al. Extrusion-based food printing for

digitalized food design and nutrition control[J]. Journal of Food Engineering, 2018,220:1-11.

[11] YAP Y L, YEONG W Y . Lifestyle product via 3D printing: wearable fashion[C]// Proceedings of the 1st International Conference on Progress in Additive Manufacturing. Singapore: Research Publishing Services,2014.

[12] GOH G D, YAP Y L, AGARWALA S, et al. Recent progress in additive manufacturing of fiber reinforced polymer composite[J]. Advanced Materials, 2019, 4(1): 1800271.

[13] LEE J M, ZHANG M, YEONG W Y. Characterization and evaluation of 3D printed microfluidic chip for cell processing[J]. Microfluidics and Nanofluidics, 2016,20:1-15.

第 11 章 增材制造在医学上的应用

增材制造在医学上的应用，主要包括以下两个方面。

（1）打印医学模型。医学模型是患者组织解剖结构的物理复制品，用来帮助外科医生改善复杂的外科手术的计划和分析手术的策略，从而缩短手术时间和预测手术结果。复杂的外科手术也需要患者的理解和信从，外科医生可用这些模型向患者解释手术方案，以得到患者的支持和配合。

（2）设计和制造假肢、假体。

11.1 医学假体的 3D 模型

随着平均预期寿命的延长和人口老龄化程度的加剧，患有严重的膝关节和髋关节病的中老年人群的发病率明显升高。全膝置换术（total knee arthroplasty，TKA）和全髋置换术（total hip arthroplasty，THA）已使众多患者从严重的膝关节或髋关节损伤中走出来，帮助他们恢复正常生活。

增材制造在医学假体领域的应用主要包括膝关节假体、髋关节假体、牙假体和人体其他骨假体的置换。

目前，在临床上我国广泛使用的人工膝关节假体系统是基于西方人的解剖特征而设计的。由于人类体形的差异，适用于西方人的假体用在中国人身上会产生假体不匹配问题。

髋关节由股骨头和髋臼组成。THA 使用人造关节假体治疗严重髋关节损伤的关节疾病。髋关节假体包括塑料（聚乙烯）衬里、髋臼杯、股骨头和股骨植入物。

牙科植入物在医学界被认为是修复缺失牙的首选方式。随着生活质量的提高，越来越多的人喜欢种植牙修复。到目前为止，在欧美有更多患者选择种植牙修复。

11.1.1 医学假体的3D模型的建立

基于医学数字成像和通信(digital imaging and communications in medicine,DICOM)数据构建医学假体的3D模型。DICOM数据从计算机断层扫描(CT)、磁共振成像(MRI)或超声波扫描等中产生,还有的从3D激光扫描中产生,但仅用于外部成像。数据交换采用DICOM格式标准。

医学假体的3D模型的生成过程如图11-1所示。

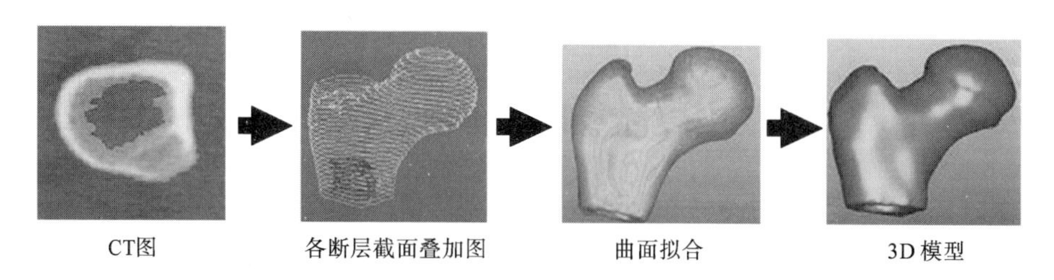

图11-1 医学假体的3D模型的生成过程

医学假体的3D模型断层截面的生成步骤如下。

第一步:通过CT、MRI或超声波扫描得到DICOM数据。

第二步:进行DICOM数据的边缘检测。

第三步:生成断层截面的轮廓曲线数据。

第四步:由轮廓曲线生成曲面。

第五步:由曲面生成假体的实体。

图11-2所示为CT断层截面的生成。

11.1.2 假体DICOM医学图像数据

DICOM是医学影像存储和传输的国际标准,它是医学影像设备的接口标准和交互协议。

1. DICOM医学图像文件的基本结构

DICOM医学图像文件后缀为.dcm,是一个关于信息体实例(SOP instance)的数据集,这个数据集由很多数据元素组成,包含患者(patient)、研究(study)、序列(series)和图像(image)四层信息,其中患者(patient)、研究(study)、序列(series)和图像(image)的相关信息称为元信息(meta information),图像数据(image data)只包含图像像素数据信息。

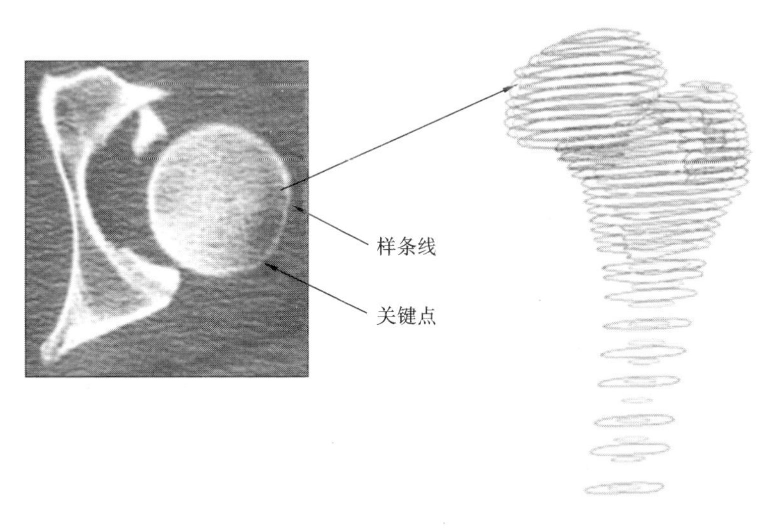

图 11-2　CT 断层截面的生成

2. 数据集和数据元素的基本结构

DICOM 文件的所有信息均采用了数据元素(data element)的存储方式,每个数据元素均由标签(tag)、值含义(value representation)、值域长(value length)和值域(value field)组成。其中,值含义是可选项。

11.2　膝关节假体

11.2.1　膝关节的结构

膝关节由外侧和内侧的股骨髁、外侧和内侧的胫骨髁及髌骨组成。膝关节周围的韧带能保持膝关节的稳定性,韧带包括前交叉韧带和后交叉韧带。在膝关节过度伸展时,两个韧带限制胫骨的旋转和横向活动范围。图 11-3 所示为膝关节的解剖结构。

膝关节的基本运动是屈伸,其运动特征如下。

(1) 当膝关节完全伸展时,股骨髁间隆起与股骨髁间窝嵌锁,侧副韧带紧张。除了屈伸运动,股胫关节无法完成其他运动。

(2) 当膝关节屈曲时,股骨髁后部进入关节窝,嵌锁因素解除,股胫关节可以绕垂直轴做旋转运动。

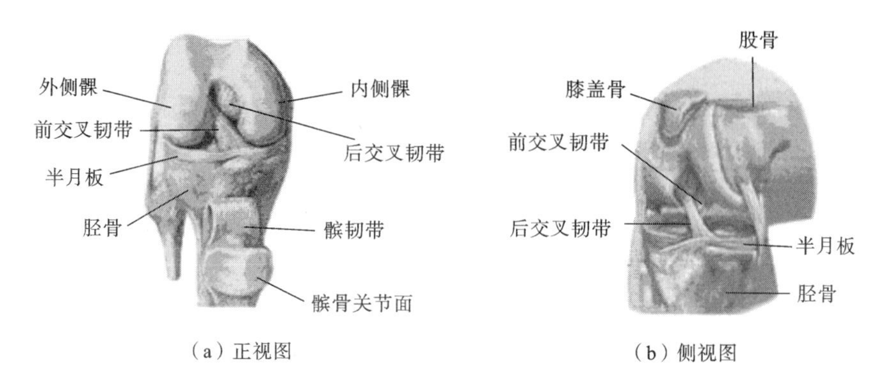

（a）正视图　　（b）侧视图

图 11-3　膝关节的解剖结构

（3）膝关节位于两个最长的杠杆臂之间，容易在体内承受载荷和在运动中受到损伤。股骨和胫骨以宽大的内侧和外侧髁关节面增大关节的接触面积，可提高关节的稳定性和减小压强。

膝关节假体由股骨端假体、半月板假体和胫骨端假体组成。

11.2.2　膝关节的运动

膝关节的运动有两个自由度，包括矢状面内的屈曲和伸展以及水平面内的内旋和外旋。膝关节的设计要保证这两个自由度的运动。

在矢状面，膝关节的屈曲可分为 3 个角度范围，如图 11-4 所示。其中角度的正负规定如下：膝关节从水平轴顺时针转动时角度为正；膝关节从水平轴逆时针转动时角度为负。

（1）伸直的角度范围：0°～10°/30°。伸直的位置因人而异，运动弯曲角度范围为 0°～10°或 0°～30°。

（2）工作弯曲的角度范围：10°/30°～120°。

（3）全弯曲的角度范围：120°～145°/160°。

伸直与全弯曲是膝关节的特殊运动，工作弯曲包含了膝关节在日常生活中几乎所有的活动。

膝关节的运动包括伸直与弯曲。

（1）伸直：膝关节向外转动，转动到 20°位置，或完全伸直位置。膝关节充分伸展时可以有－5°的屈曲过伸。

（2）弯曲：膝关节向内转动，转动到 120°位置，或完全弯曲位置。这是在肌肉驱动下的弯曲，胫骨由大腿肌肉带动弯曲或到完全弯曲位置。

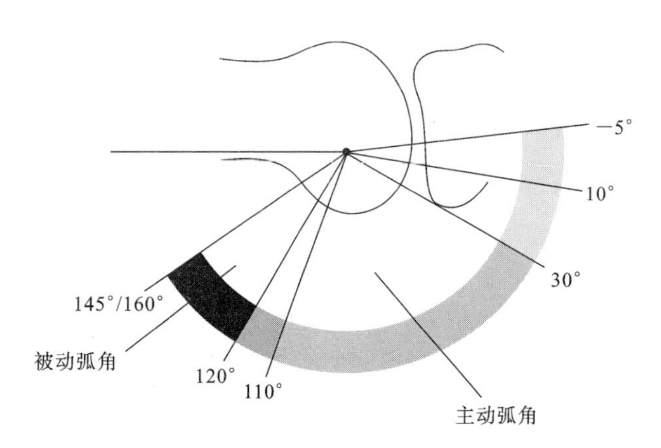

图 11-4 膝关节的弯曲角度

11.2.3 膝关节假体分析

1. 膝关节股骨端假体

膝关节股骨端假体比股骨远端部大，这将使膝关节假体与周围的软组织产生碰撞。在实际操作中 TKA 要求膝关节股骨端假体与股骨远端部匹配。如果膝关节股骨端假体与股骨远端部匹配良好，股骨远端部与膝关节股骨端假体接触处的覆盖范围将增大，从而使得假体之间的接触面积和骨界面的接触压力减小。

目前，TKA 中使用的进口假体是基于西方人特点设计的，TKA 更容易发生假体和股骨远端部不匹配的问题。因此设计的膝关节股骨端假体要符合中国人特点，以适应中国人的全膝关节置换。

膝关节股骨端假体的设计参数如图 11-5 所示，主要包括前后径(AP)、左右径(ML)及左右径和前后径之比(ML/AP)。

膝关节股骨端假体的设计要考虑股骨的弯曲和伸展以及股骨的内旋和外旋。

在结构上，股骨髁远端膨大，形成内侧髁和外侧髁，这两个髁的大小并不一样，外侧髁比较粗大，内侧髁前后径比较长，外侧髁冠状面直径大于内侧髁，在伸直腿时这样的结构可以使髌骨产生扣锁机制，从而稳定髌骨，避免膝关节变得不稳定。

(1) 股骨的弯曲和伸展。

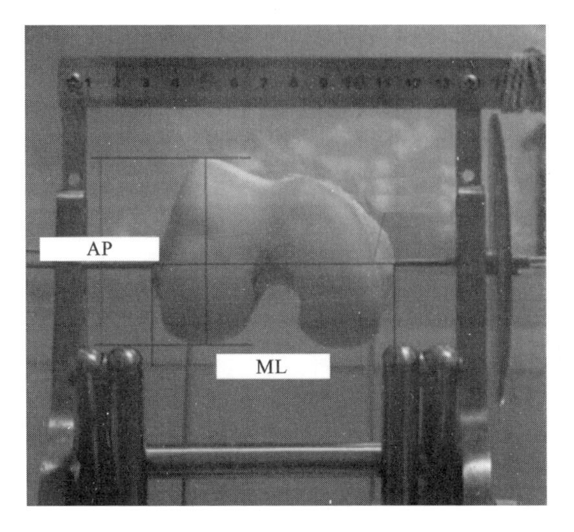

图 11-5 膝关节股骨端假体的设计参数

股骨的弯曲与伸展，要求膝关节股骨端假体能在半月板假体上滚动，如图 11-6 所示。

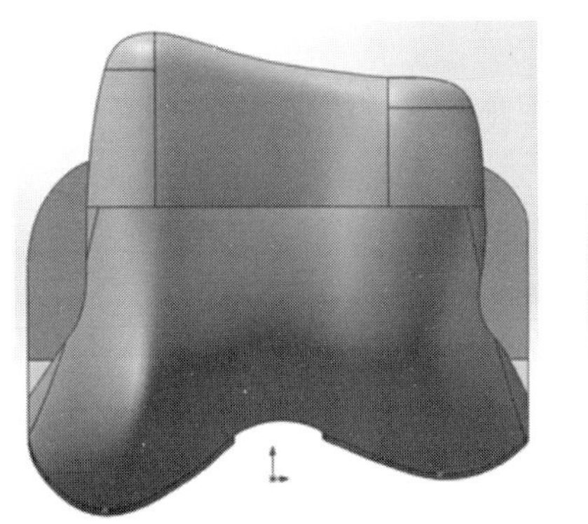

（a）股骨端假体前视图，屈曲0°

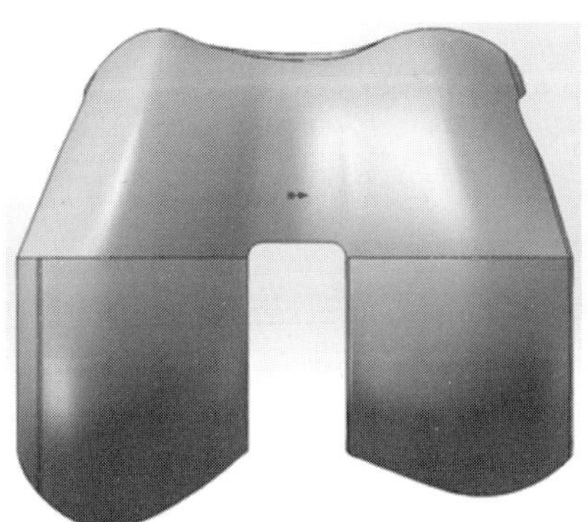

（b）股骨端假体前视图，屈曲90°

图 11-6 股骨端假体屈曲

（2）股骨的内旋和外旋。

股骨的旋向沿着纵向旋转轴，该纵向旋转轴也称为躯干的中轴线。股骨的旋向是股骨相对人体站立时，股骨向躯干的中轴线转动的方向。股骨转动时以躯干为标准，脚尖向前，如果脚尖转向靠近躯干中轴线，则为股骨内旋；如果脚尖转向远离躯干中轴线，则为股骨外旋。

股骨的旋向运动,要求膝关节股骨端假体能在半月板假体上做有摆动的滑动。

将膝关节假体设计为能绕中心在小角度范围内旋转,使其更类似于自然的膝盖和改善髌骨轨迹,如图 11-7 所示。

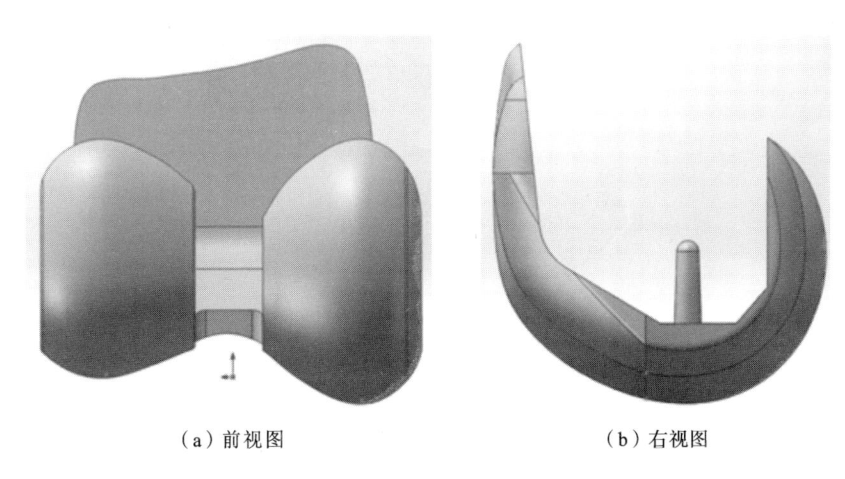

(a) 前视图　　(b) 右视图

图 11-7　股骨外旋

2. 膝关节胫骨端假体

膝关节胫骨端假体包括胫骨托盘和胫骨延长杆。胫骨托盘是连接胫骨延长杆和支撑膝关节的半月板。胫骨延长杆包括胫骨近端的稳定膨大头部和胫骨远端的加长杆。

在膝关节胫骨端假体的增材制造中将胫骨托盘和胫骨延长杆做成一个整体,采用增材制造技术进行整体打印。

11.2.4　膝关节假体装配

图 11-8 所示为膝关节假体装配图。膝关节假体由胫骨端假体、半月板假体和股骨端假体组成。图 11-9 所示为胫骨端假体的俯视图。图 11-10 所示为胫骨端假体。图 11-11 所示为半月板假体。

半月板假体是安装在胫骨上的垫片。对于 TKA,半月板假体是获得膝关节接头处正常运动功能的部件,实现股骨端假体在半月板假体上的滚动。

TKA 后,股骨端假体在半月板假体上滚动,实现膝关节的弯曲与伸直功能。半月板假体上的凸台,可防止股骨与胫骨脱离。半月板假体上的凸台也可使胫骨相对股骨有微小的左右摆动。

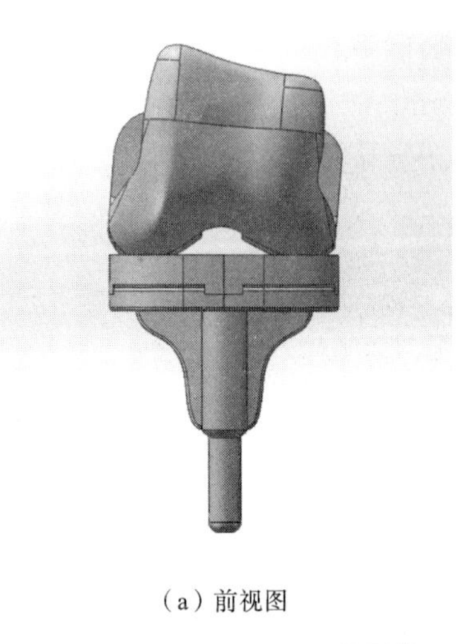

（a）前视图

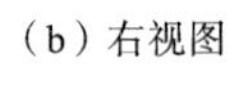

（b）右视图

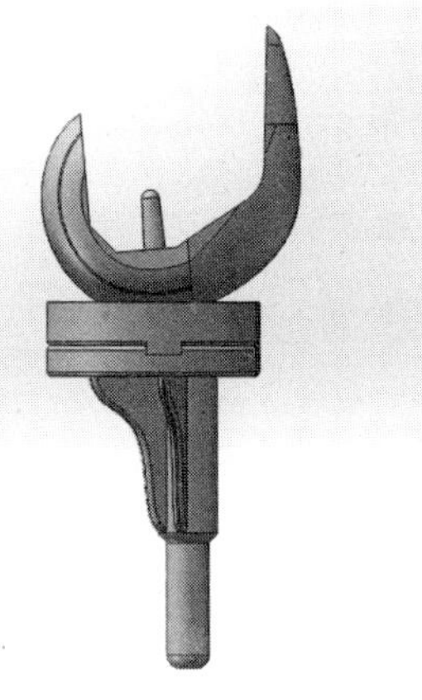

（c）左视图

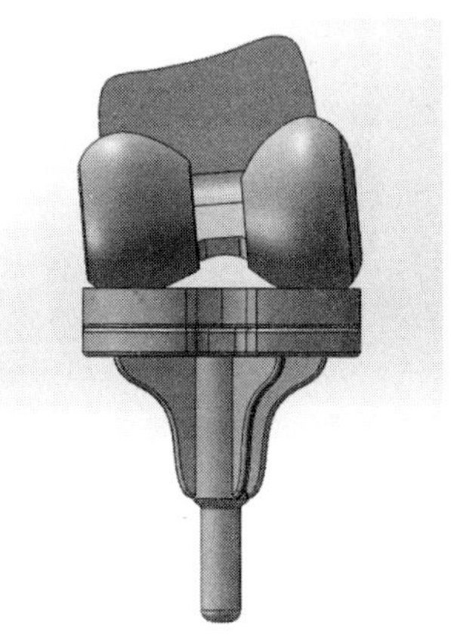

（d）后视图

（e）打印的膝关节假体实物

图 11-8　膝关节假体装配图

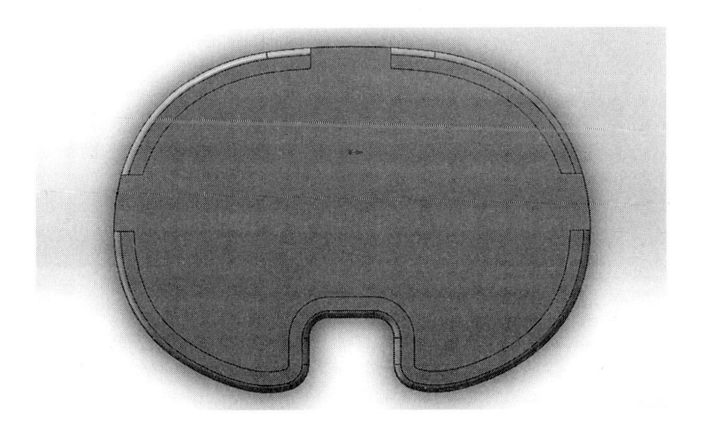

图 11-9 胫骨端假体的俯视图

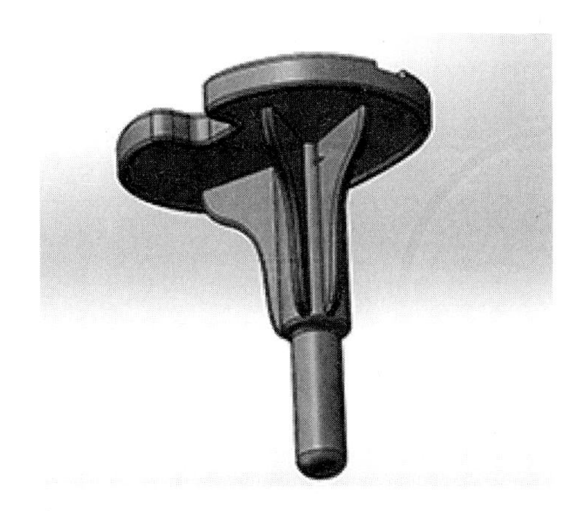

图 11-10 胫骨端假体

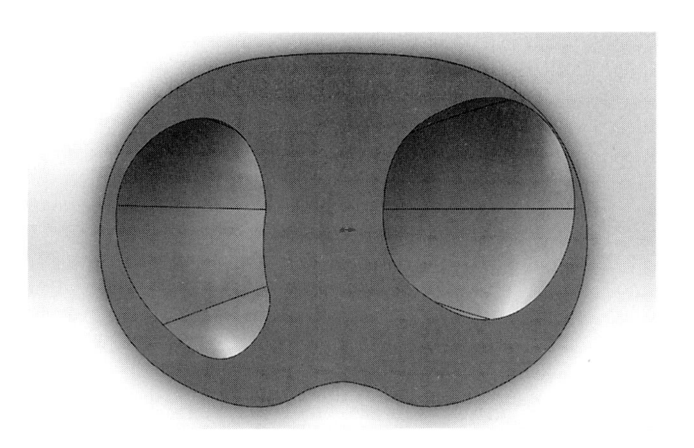

图 11-11 半月板假体

11.2.5 膝关节假体的 EBM 打印

图 11-12 所示为 EBM 打印的膝关节假体。

（a）背面

（b）正面

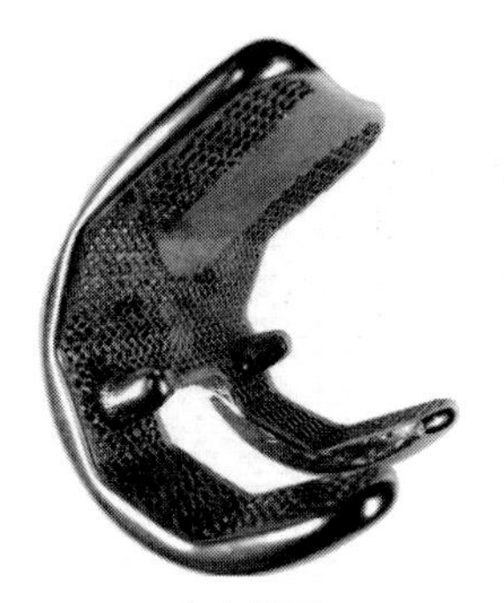
（c）侧面

图 11-12　EBM 打印的膝关节假体

采用传统的锻造铣削方法加工的膝关节股骨端假体如图 11-13 所示。

图 11-13　膝关节股骨端假体

11.3 髋关节假体

在医学上，严重的髋关节疼痛和髋关节功能障碍要采用髋关节置换，这需要设计和制造髋关节假体，目前国内外采用增材制造技术制造髋关节假体。

髋关节功能障碍是由股骨头缺血性坏死、先天性髋关节发育不良、股骨头骨骺滑脱、强直性脊柱炎等疾病导致的。

髋关节置换是用人造髋关节假体全部置换或部分置换髋关节的一种关节修复手术，其中全部置换是人工全髋关节置换，部分置换是人工半髋关节置换。

11.3.1 髋关节

1. 髋关节的结构

髋关节(hip joint)，由股骨头与髋臼构成。图 11-14 所示为髋关节的解剖结构。股骨和髋骨通过股骨头和髋臼借关节囊、韧带等紧密相连，形成髋关节。在髋臼中，关节软骨包裹着月状面，髋臼窝内充满脂肪，当关节内压增减时，其能够被挤出或者吸入，起到了维持关节内压平衡的作用。

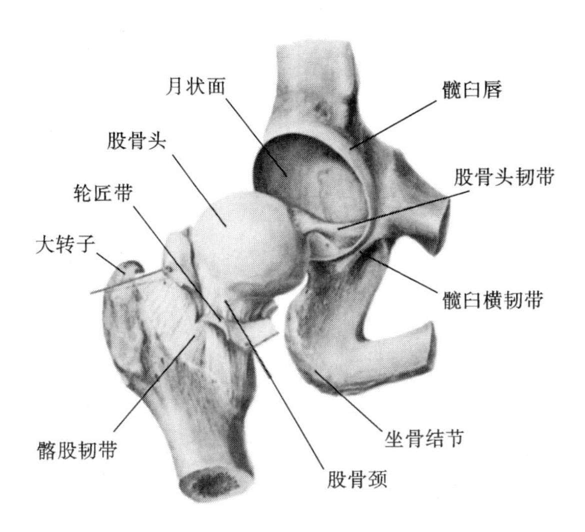

图 11-14 髋关节的解剖结构

髋关节可以被近似地当作机械结构中的球铰链，通过绕多个轴旋转，髋关节能做屈曲、伸展、内旋和外旋等运动，满足日常活动中的各种需求。股骨头深埋在髋臼内，髋臼包裹着约 2/3 的股骨头。髋关节中的关节囊厚而坚韧，限制了髋关节的运动范围，因此髋关节具有很好的稳固性，但灵活性较差。

股骨头呈圆形，由海绵状骨构成，相对较脆弱，股骨头朝向前上方，其顶部后下有一小窝，称为股骨头凹，有圆韧带附着。股骨头表面除了股骨头凹以外，完全覆盖关节透明软骨，厚薄不均匀，这是股骨头受力不均匀导致的。关节软骨有减少关节摩擦、保护关节的作用，一旦关节软骨面受损，就会发生髋关节疼痛、功能障碍等。

2. 髋关节的运动

髋关节以股骨头为中心轴做运动。髋关节的屈曲和伸展是围绕着横向水平轴进行的，如图 11-15(a)所示；围绕通过股骨头前后方向水平轴的运动为内收和外展，如图 11-15(b)所示；髋关节与膝关节两中心的连线为机械轴，是髋关节进行内旋和外旋的旋转轴，如图 11-15(c)所示。这三种运动构成了人类日常生活中的大多数髋关节的运动。

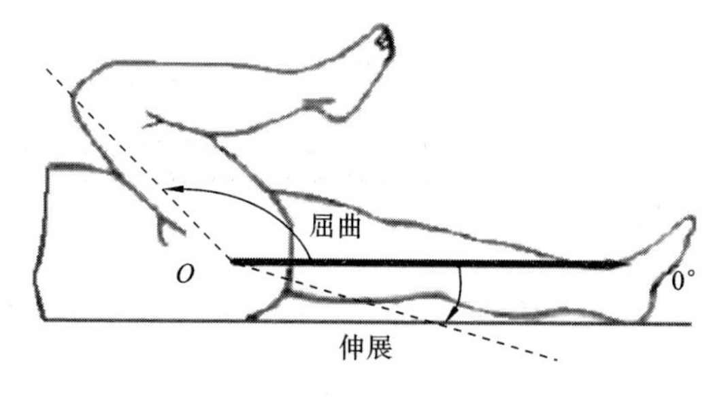

(a) 屈曲和伸展

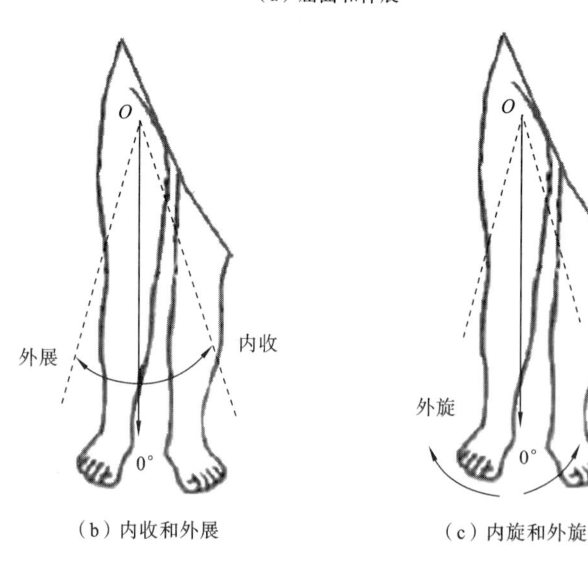

(b) 内收和外展　　(c) 内旋和外旋

图 11-15　髋关节的运动

关于正常髋关节运动时的最大活动度，屈曲时小于 140°，伸展时小于 15°，内收时小于 30°，外展时小于 45°，内旋时能达到 50°，外旋时能达到 45°。

11.3.2 髋关节假体的设计要求

髋关节假体由髋臼假体、衬垫假体和股骨假体三部分组成，如图 11-16 所示。

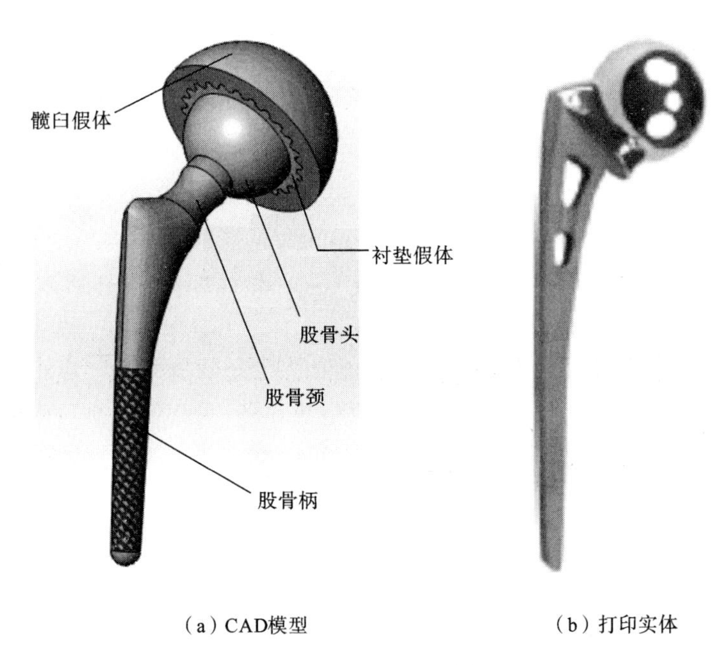

（a）CAD模型　　（b）打印实体

图 11-16　髋关节假体

1. 股骨假体的设计要求

通常情况下，在移植股骨假体前将发生病变的股骨头、股骨颈切除，用股骨假体代替发生病变的股骨头、股骨颈。股骨假体分为股骨头、股骨颈和股骨柄。

股骨头通常由钴铬钼合金、钛合金、陶瓷等材料制造。股骨柄有两种结构：第一种是股骨头与股骨柄连成一体的，第二种是股骨头可拆卸的。设计时要考虑股骨头的尺寸、材质、表面粗糙度和球精度，防止在移植之后出现磨损。

股骨颈，即股骨头与股骨柄的连接部分，设计成圆柱状。

股骨颈可以分为两种结构：有颈领与无颈领结构。颈领的作用是利用其底面与原股骨的截面相结合。股骨柄的存在，能够有效防止股骨假体下沉。

股骨柄是股骨假体插入原股骨髓腔内的部分，有骨水泥固定型和非骨水泥固定型两种。根据形状的不同，骨水泥固定型的股骨柄可分为弯柄和直柄。在临床研究中，股骨柄截面的几何形状会对假体强度和刚性产生很大影响。

对于股骨柄的设计，还有一个重要的因素，即股骨柄在插入股骨髓腔内时的固定问题。由于股骨柄截面呈椭圆形，其在插入股骨髓腔内后有可能发生转动移位的问题，因此为了增加股骨柄与股骨髓腔之间的摩擦，更好地把股骨假体固定在股骨髓腔内，还需要在股骨柄上进行多孔蜂窝结构加工。

2. 髋臼假体的设计要求

在日常活动中，髋关节的运动是不可避免的，因此髋关节假体中股骨头和髋臼假体之间的摩擦也不可避免，为了尽可能地减少股骨头和髋臼假体之间的摩擦，需要在股骨头和髋臼假体之间添加一个耐磨内衬垫，其厚度需要根据股骨头半径和髋臼假体厚度而定。

根据固定方式的不同，髋臼假体有骨水泥固定型和非骨水泥固定型两种。

(1) 骨水泥固定型。

骨水泥固定型人工髋臼假体相当于一个半球壳形塑料杯。其外表面有横向和纵向沟槽，便于骨水泥固定；内表面也呈半球形，其直径必须与所设计的股骨头的直径相匹配，而且要有较低的内表面粗糙度。设计要求人工髋臼壁的厚度不能小于 8 mm。

(2) 非骨水泥固定型。

非骨水泥固定型人工髋臼假体由两部分组成：金属外壳和超高分子量聚乙烯内衬垫。该内衬垫应易与金属外壳组装，并镶嵌牢靠。金属外壳非骨水泥生物固定方法主要有五种：

① 螺旋式金属外壳带螺刃，利用旋转螺刃嵌入髋臼松质骨内获得假体固定；

② 利用金属外壳的锥度变化，使其嵌入骨床；

③ 螺丝钉穿过金属外壳与骨床固定；

④ 金属外壳表面多孔层或羟基磷灰石涂层覆盖，通过骨组织长入获得假体固定；

⑤ 上述方法的混合应用。

11.3.3 髋关节假体设计变量的确定与建模

髋关节假体的设计过程中的参数不仅包括股骨头、股骨颈和髋臼假体的尺寸，还包括髋关节假体移植到人体中所涉及的相关角度，结合现有的髋关节假体，对设计参数进行确定。

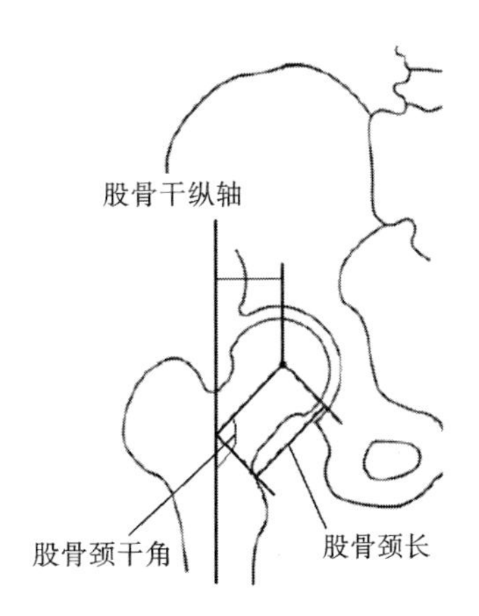

图 11-17　股骨颈的设计要素

(1) 展角。

在人工髋关节置换手术中，建立髋臼的旋转展角，需要对髋臼假体按照一定的外展角进行打磨，再把假体按该位置进行安放。当前人工髋臼假体设计中一般采用的外展角为 45°。

(2) 股骨颈干角。

股骨颈干角是股骨颈与股骨干纵轴之间形成的倾斜角，如图 11-17 所示，股骨颈干角的正常范围为 110°～140°。大于 140°的变形称为髋外翻，小于 110°的变形称为髋内翻。在股骨颈干角变化的状态下，髋关节的受力也会发生变化。无论是髋外翻还是髋内翻，对于假体受力的影响都是负面的。

(3) 股骨颈长。

根据在中国人股骨近端几何形态参数测量与分类中对股骨正侧位参数的测量，正位股骨头球心到转子的距离的最小值为 25 mm，最大值为 50 mm。

(4) 股骨头半径。

股骨头与股骨颈的半径比会对髋关节受力和运动产生重要影响。股骨颈过粗会导致对髋臼的碰撞，且妨碍髋关节运动。股骨颈过细则易于折断。一般股骨颈与股骨头的半径比为 1∶1.5。

中国人股骨近端几何形态参数测量与分类的研究显示，正位股骨头直径最小值为 28.13 mm，最大值为 51.56 mm。由于髋臼假体有一定厚度，在设计中需要考虑髋臼假体本身的厚度，因此股骨头半径的范围需要结合髋臼假体的厚度计算。

(5) 股骨头与髋臼假体之间的间隙。

股骨头与髋臼假体之间存在一定的间隙，该间隙对股骨头和髋臼假体的接触应力会产生影响。若间隙太小，会妨碍髋关节的运动，而且容易产生磨损；若间隙太大，股骨头与髋臼假体就容易产生脱位，同样影响髋关节的运动。根据全髋关节置换后聚乙烯内衬应力的弹塑形有限元分析，通常股骨头与髋臼假体之间的间隙为 0.1 mm。

(6) 髋臼假体厚度。

在临床应用中,一般要求髋臼假体的厚度不能小于 8 mm,同时考虑到股骨头假体半径因素,髋臼假体的厚度也不能过大,因此设定髋臼假体的厚度范围为 8～10 mm。另外,由于耐磨内衬垫的存在,为了防止内衬垫随着股骨头的转动而移位,需要在髋臼假体中设置沟槽,以固定耐磨内衬垫。

(7) 衬垫厚度。

为了防止衬垫移位,需要在衬垫边缘设置沟槽,从而与髋臼假体进行固定。另外考虑到股骨头假体半径和髋臼假体的因素,衬垫厚度不能过大,一般耐磨内衬垫厚度为 2 mm。

11.3.4 髋关节假体表面的多孔蜂窝结构

为了增大股骨柄与股骨髓腔之间的摩擦力,更好地把股骨假体固定在股骨髓腔之中,在股骨柄设计中还需要设定多孔蜂窝结构。

在对假体进行增材制造之前,在 CAD 软件中建立 3D 模型,并转为 STL 文件。3D 模型中含许多多孔蜂窝结构特征,这些特征要在 STL 文件中体现。

图 11-18 所示为股骨柄假体的多孔蜂窝结构造型。

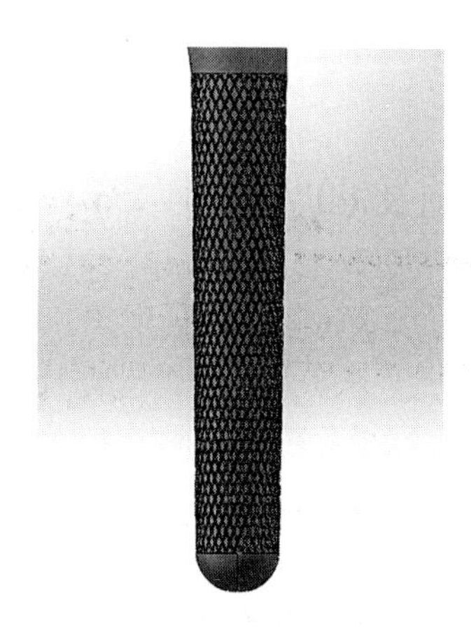

图 11-18 股骨柄假体的多孔蜂窝结构造型

髋关节假体的 CAD 建模、打印及其与股骨的连接如图 11-19 所示。

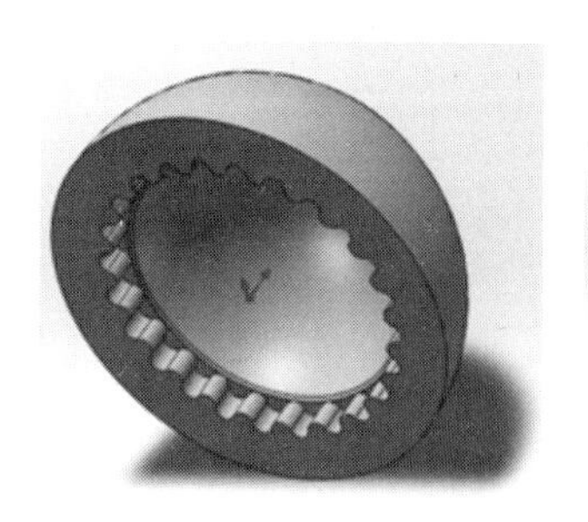

(a) 髋臼假体

(b) 衬垫假体

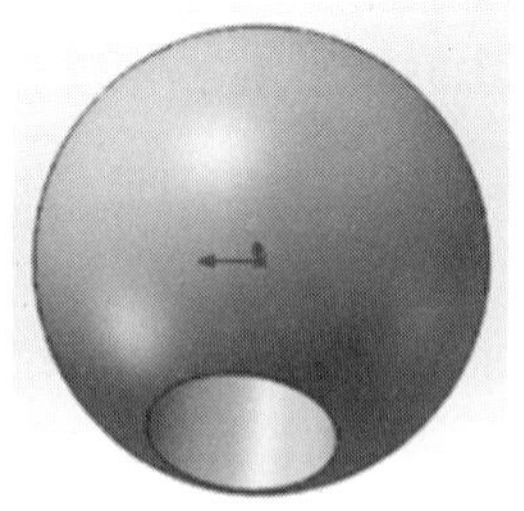

(c) 股骨头假体

图 11-19 髋关节假体的 CAD 建模、打印及其与股骨的连接

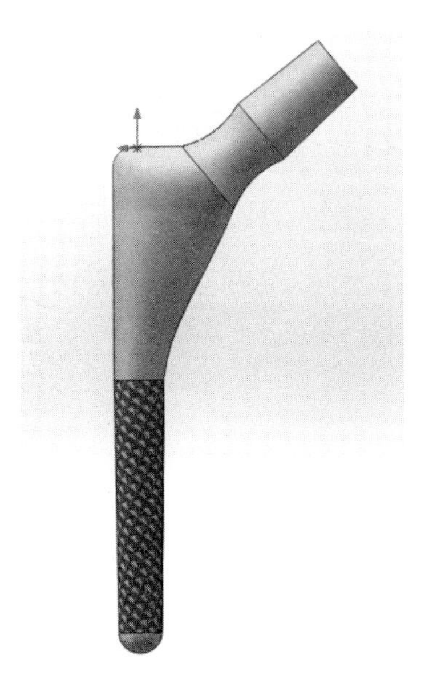

（d）股骨柄假体

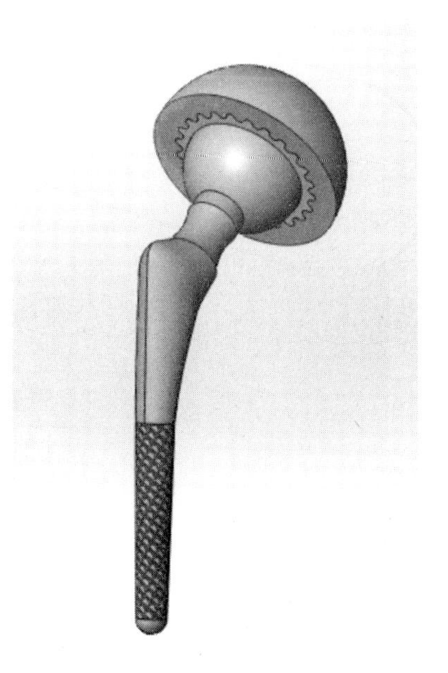

（e）髋关节假体装配体

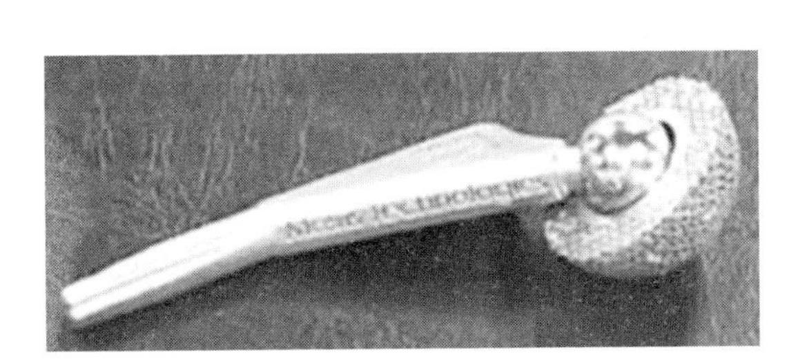

（f）SLM EOS M290打印的髋关节假体

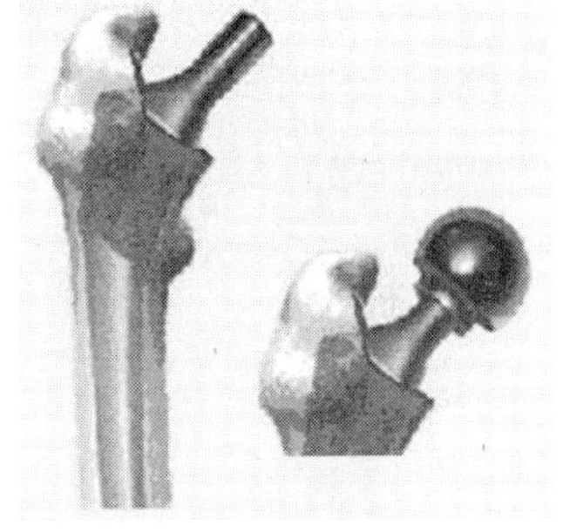

（g）髋关节假体与股骨的连接

续图 11-19

11.3.5 髋关节假体的 EBM 打印

图 11-20 所示为髋臼假体的 EBM 打印过程。图 11-21 所示为 EBM 打印的髋臼假体成品。

（a）EBM打印髋臼假体一层

（b）工作平台将成型件托出

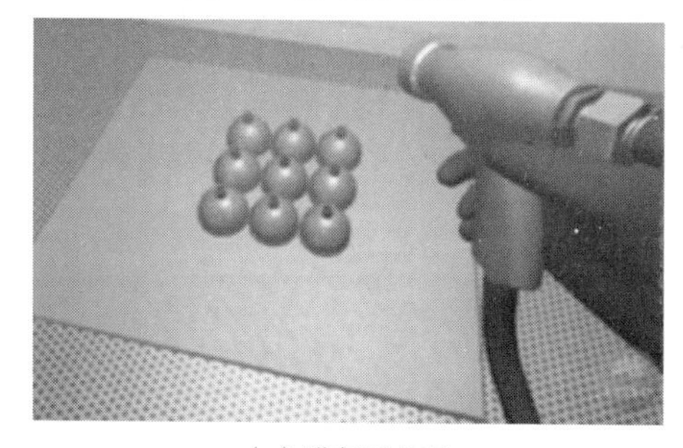

（c）进行后处理

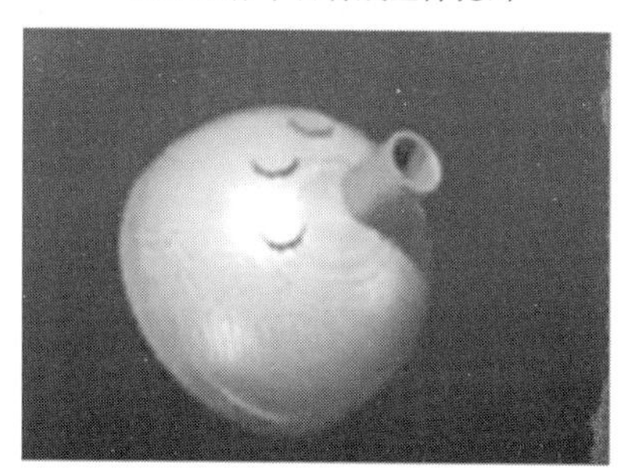

（d）打印钛合金髋臼假体

图 11-20　髋臼假体的 EBM 打印过程

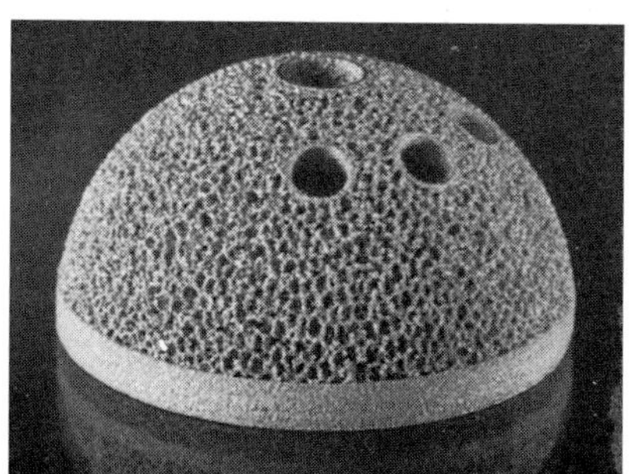

图 11-21　EBM 打印的髋臼假体成品

11.4　牙假体

牙假体包括牙冠与牙根，其增材制造过程包括测量、造型和打印。

11.4.1 牙假体的测量

（1）间接扫描法：先做出牙印模，再扫描该牙印模，通过反求工程生成牙冠的 STL 模型，如图 11-22 所示。

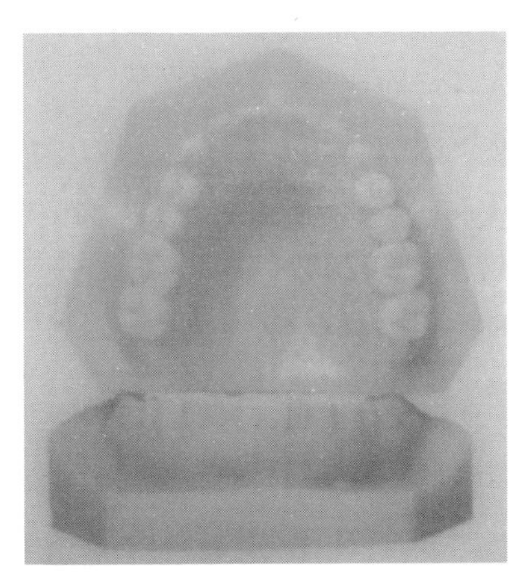

（a）牙印模

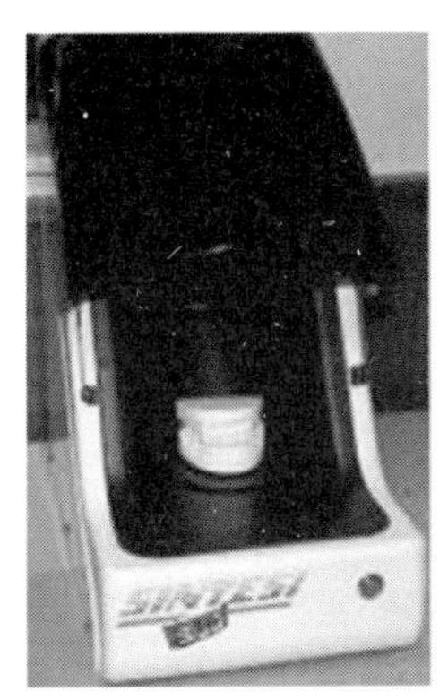

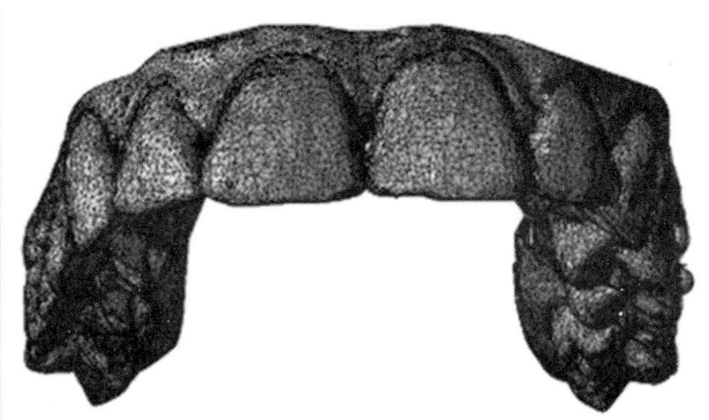

（b）扫描牙印模　　（c）牙冠的STL模型

图 11-22　间接扫描法

（2）直接图像法。

方法 1：用口腔扫描内窥镜对牙齿进行扫描拍照，得到多组内外牙齿的照片。再通过计算机图像处理软件对牙齿的照片进行 3D 重建，生成牙齿的 3D 模型，如图 11-23 所示。但口腔扫描内窥镜法只能得到牙冠图，不能得到牙根的 3D 图像数据。

方法 2：牙齿的 CT 断层扫描。牙齿的 CT 断层扫描可同时得到牙冠和牙

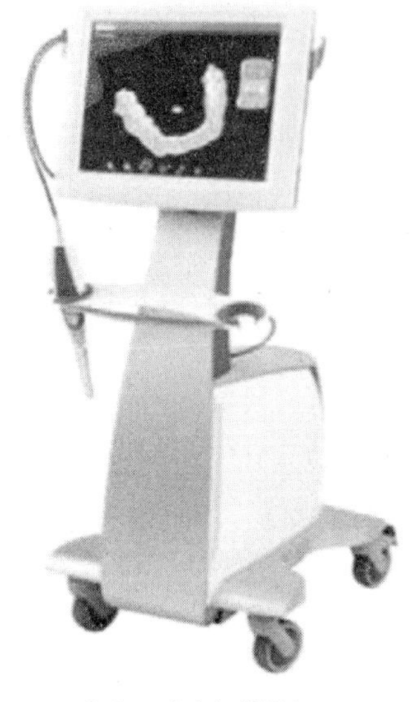

(a) 口腔内扫描设备

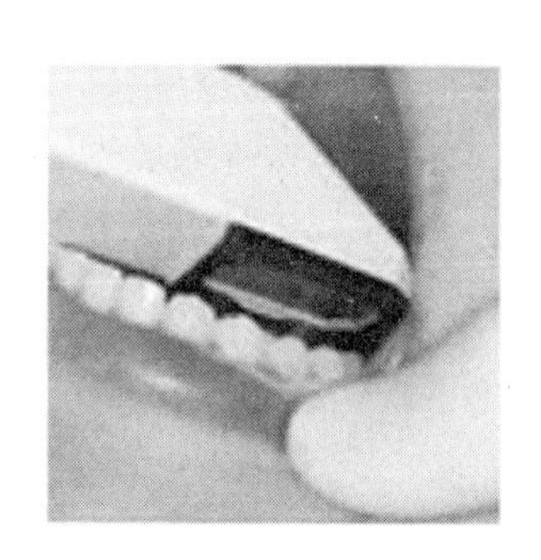

(b) 口腔内扫描过程

图 11-23 口腔内直接扫描

根的 3D 图像数据,从而得到牙齿的断层扫描截面数据。

牙齿的 CT 断层扫描,是一种计算机断层成像技术。CT 扫描仪采用 X 射线,CT 扫描牙齿时,X 射线穿过牙齿。X 射线强度的衰减程度与物体的组成成分和物体的厚度成正比。通过探测 X 射线的衰减程度,用数字矩阵描述 X 射线的衰减程度,计算牙齿的断层数据并输出。

牙齿的造型设计基于对牙齿的 CT 断层扫描图像,通过反求工程处理生成 STL 文件,然后用 CAD 软件对其进行 3D 重建,得到牙齿的 3D 模型,如图 11-24 所示。

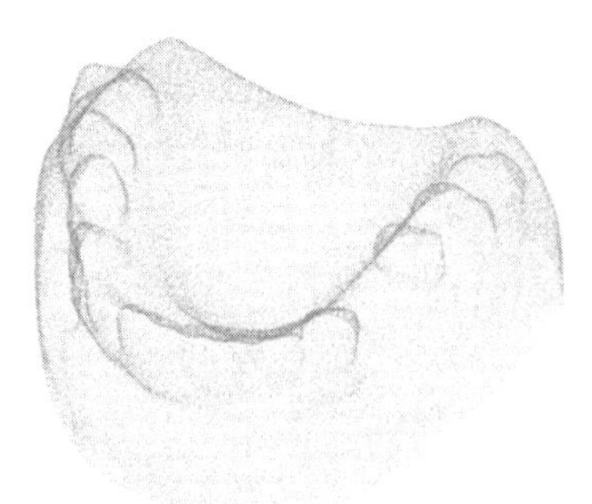

(a) 点云数据

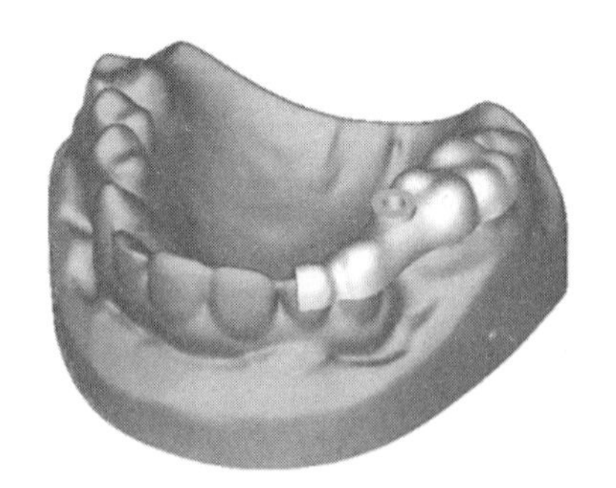

(b) 钻孔导向

图 11-24 牙齿的点云数据和钻孔导向

图 11-25 所示为牙齿的 CT 造型。

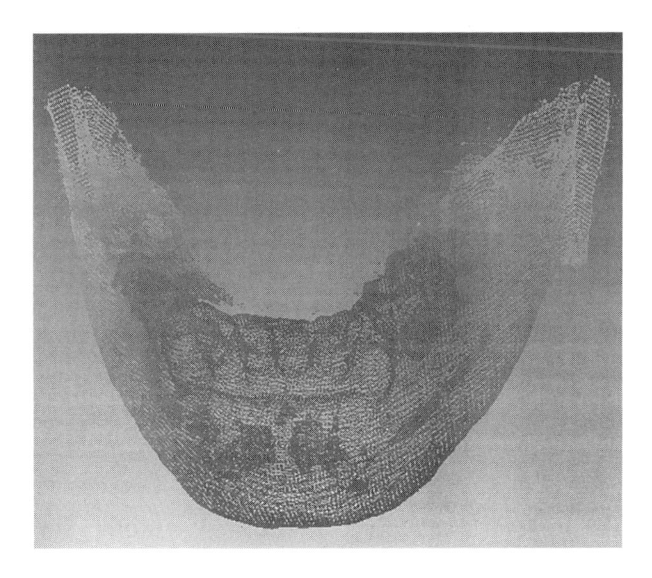

图 11-25　牙齿的 CT 造型

11.4.2　种植牙牙冠的打印

种植牙是以种植材料埋植到牙槽骨内(种植体),再在其上做牙冠的一种缺牙修复方法。种植牙包括下部的支撑种植体和上部的牙修复体两部分。种植体通常用金属、陶瓷等材料制成,经手术方法植入上、下颌内,获得骨组织牢固的固位支持,再通过特殊的装置连接上部的牙修复体。种植牙可以获得与天然牙功能、结构十分相似的修复效果。

由于种植体固定在人体牙床中,因此种植体所用材料必须具有高强度、质轻、表面平整等优点。

图 11-26 所示为打印的种植牙牙冠。

11.4.3　牙桥的打印

牙结构模型如图 11-27 所示。

牙桥的打印如图 11-28 所示。

11.4.4　种植牙的装配

种植牙的装配如图 11-29 所示。

（a）SLM打印的牙冠

（b）用钴铬合金材料打印的单个牙冠

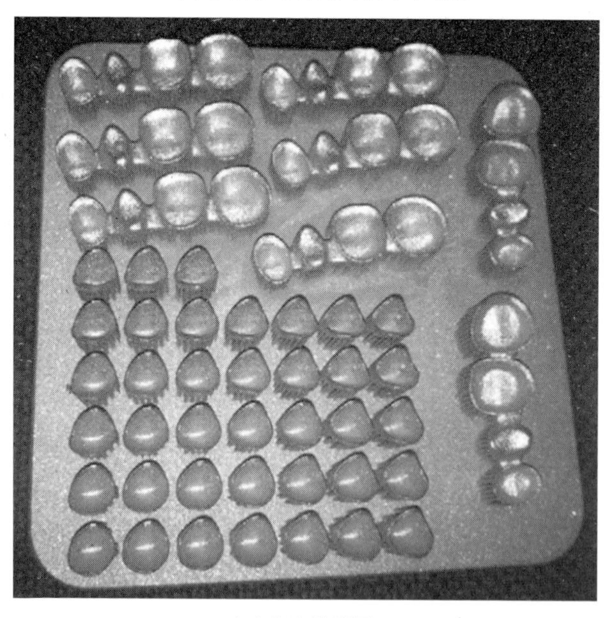

（c）打印的牙冠

图 11-26　打印的种植牙牙冠

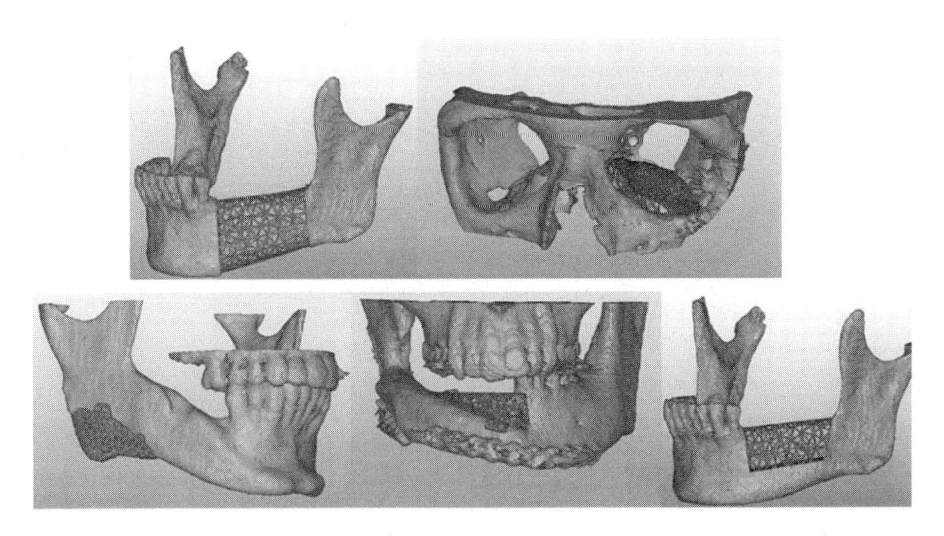

图 11-27　牙结构模型

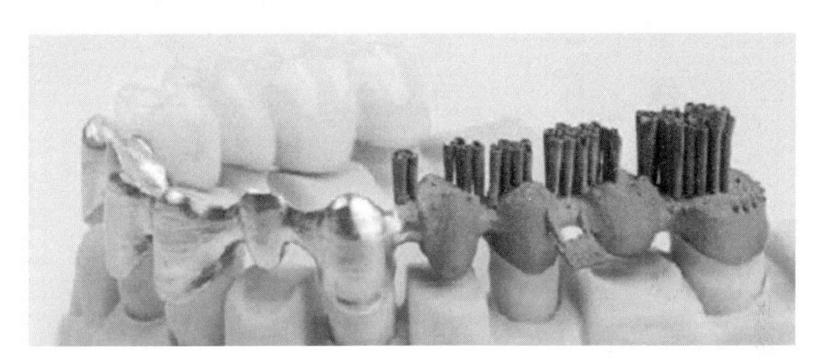

（a）牙修复体

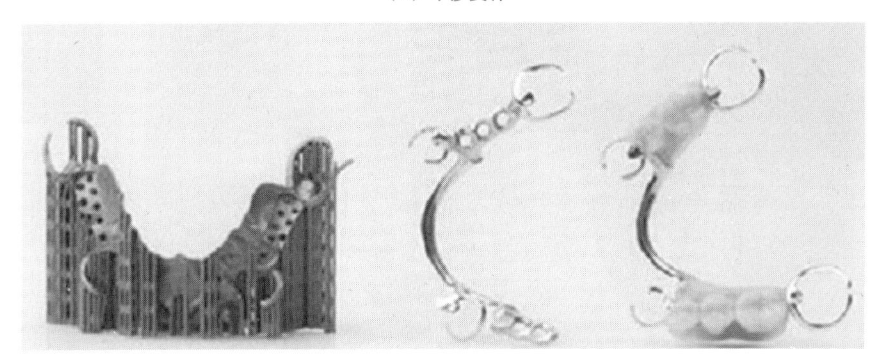

（b）牙桥的SLS工艺过程

图 11-28　牙桥的打印

（c）打印的多齿牙桥

续图 11-28

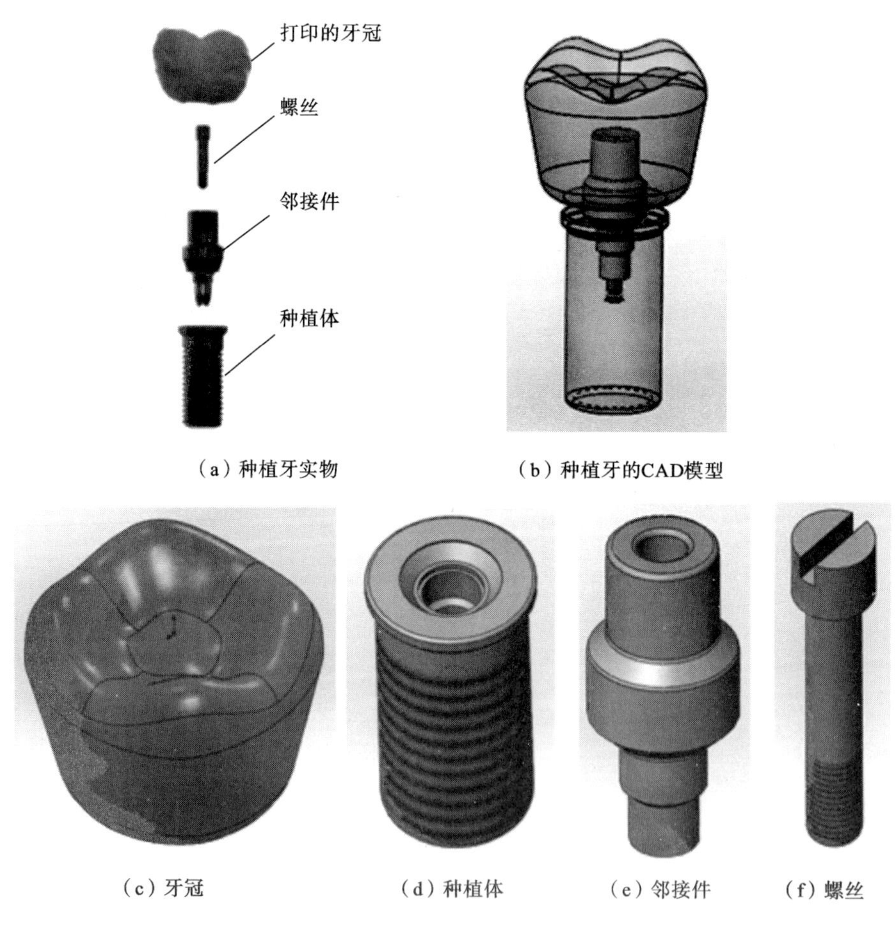

（a）种植牙实物　　（b）种植牙的CAD模型

（c）牙冠　　（d）种植体　　（e）邻接件　　（f）螺丝

图 11-29　种植牙的装配

11.5 盆骨假体与头骨假体

盆骨结构如图 11-30 所示。

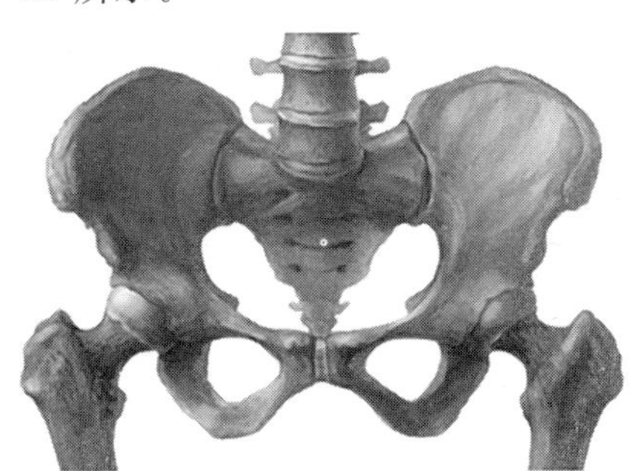

图 11-30 盆骨结构

图 11-31 所示为用 Objet 打印机打印的盆骨假体,其可用于盆骨手术的分析。

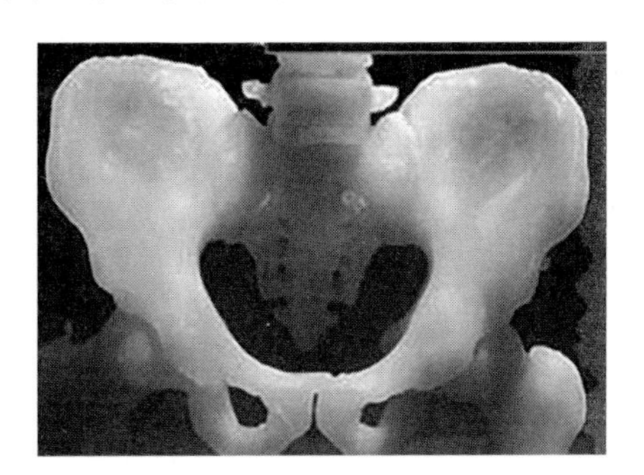

图 11-31 用 Objet 打印机打印的盆骨假体

图 11-32 所示为头骨假体的镶嵌。

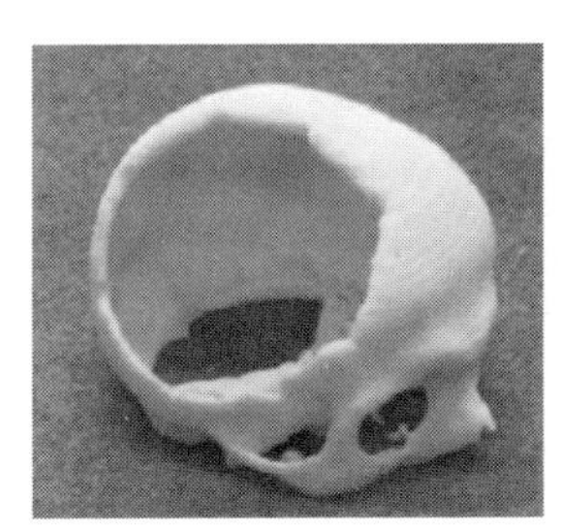

(a) 破损的头骨

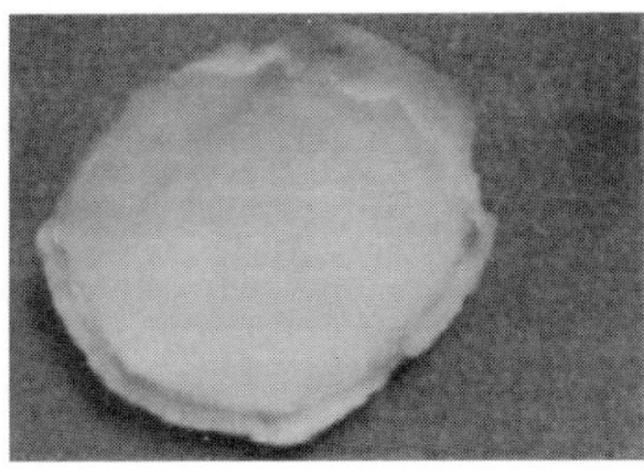

(b) 头骨假体

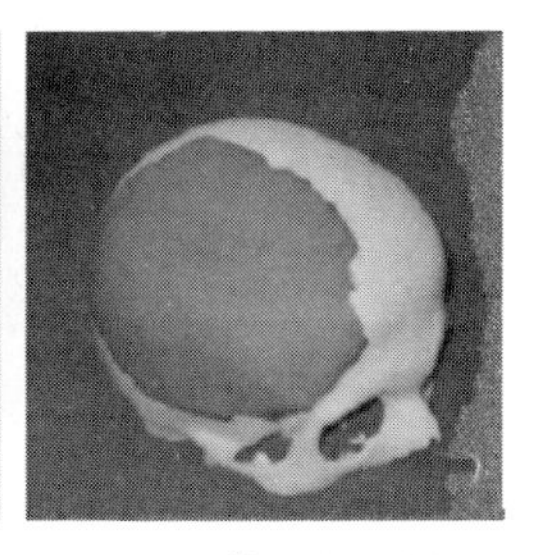

(c) 头骨假体镶嵌在破损处

图 11-32 头骨假体的镶嵌

图 11-33 所示为头骨假体在手术分析中的应用。

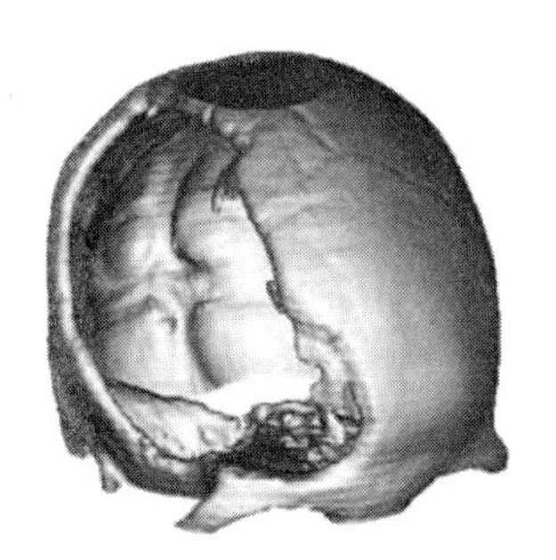

(a) 患者头骨缺陷示意图

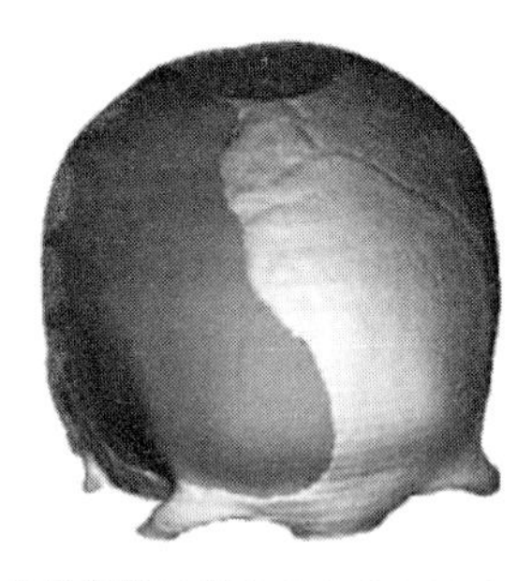

(b) 头骨假体镶嵌在患者头骨缺陷处示意图

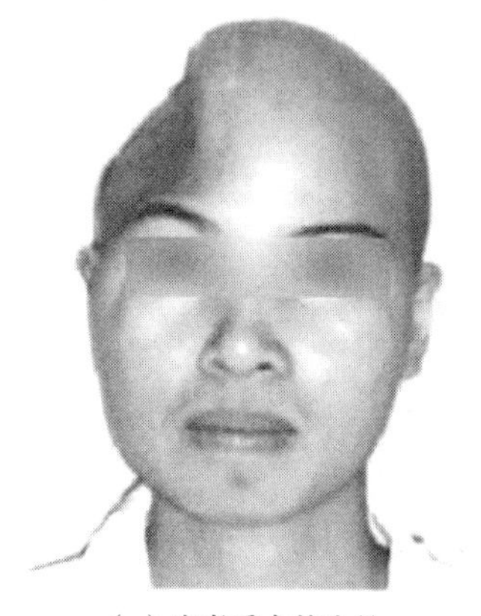

(c) 患者手术前头骨

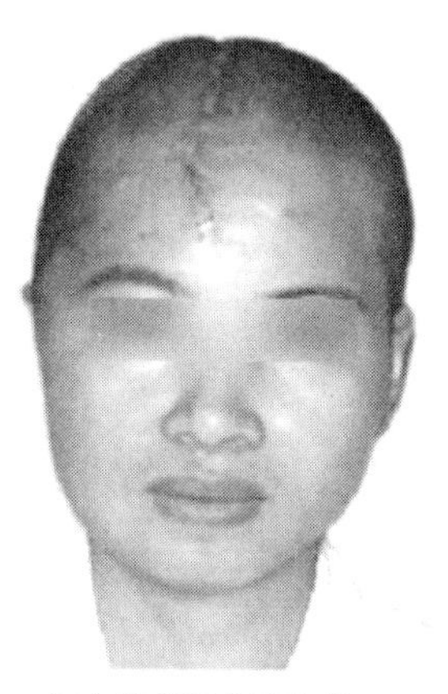

(d) 患者手术后头骨

图 11-33 头骨假体在手术分析中的应用

图 11-34 所示为镶嵌后的头骨假体。

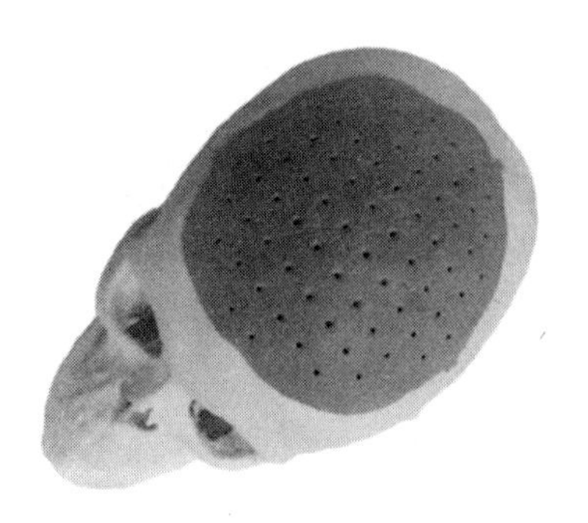

(a) 俯视图

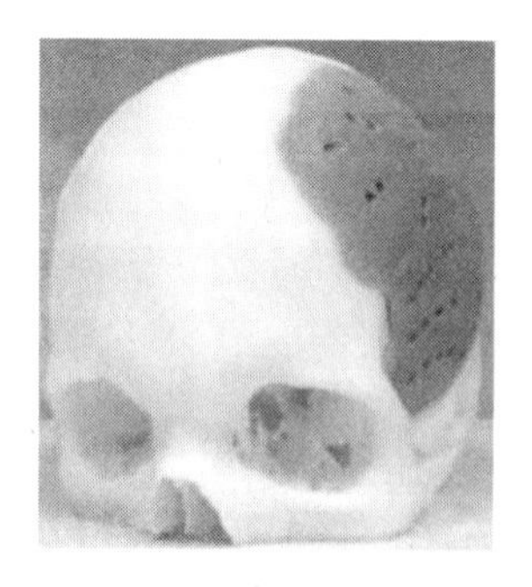

(b) 侧视图

图 11-34 镶嵌后的头骨假体

11.6 增材制造技术在外科手术方案设计上的应用

11.6.1 人体头骨分离手术模型打印

图 11-35 所示为打印的双胞胎人体头骨分离手术模型，可用于手术方案的分析。3D 打印模型已被认为有助于缩短复杂病例的手术时间。

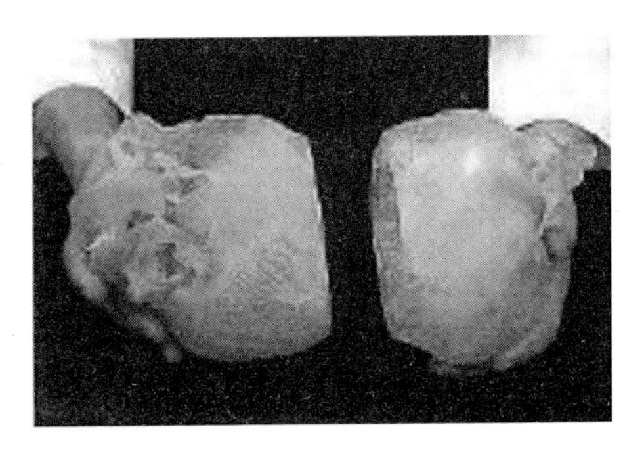

图 11-35 打印的双胞胎人体头骨分离手术模型

用 CAD 软件对假体进行建模，转换成 STL 文件，将 STL 文件导入金属增材制造机床，如 SLS 3D 打印机、SLM 3D 打印机、EBM 3D 打印机，打印出实体模型，以用于手术前分析。打印用于手术前分析的人类头骨模型如图 11-36 所示。

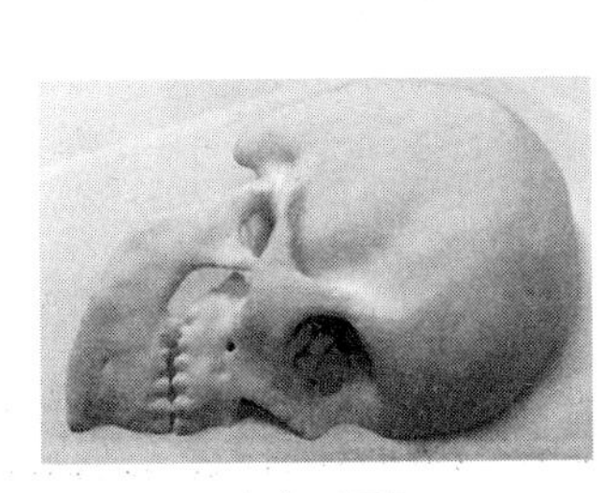

(a) 正面

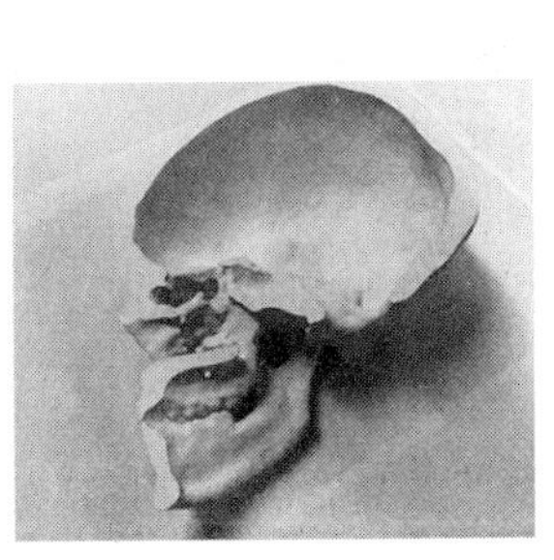

(b) 反面

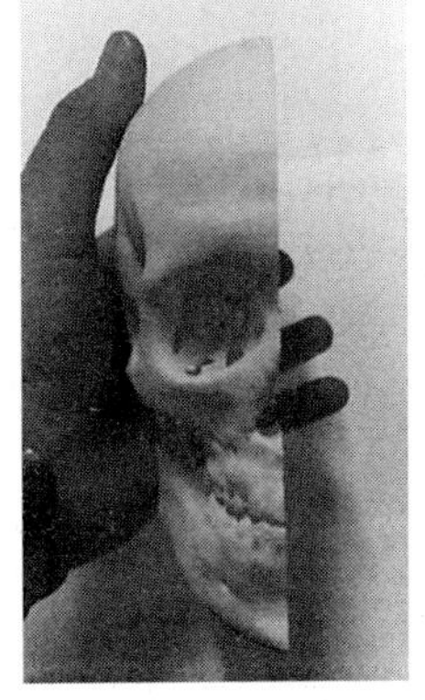

(c) 剖开

图 11-36 打印用于手术前分析的人类头骨模型

11.6.2 动物模型打印

有时需要打印动物模型以用于动物实验。SLA 打印的猴子头骨模型的两个示例如图 11-37 和图 11-38 所示。

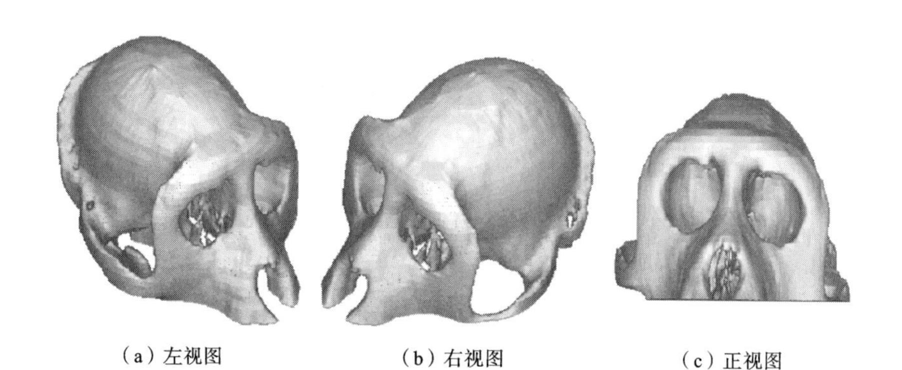

（a）左视图　（b）右视图　（c）正视图

图 11-37 SLA 打印的猴子头骨模型示例 1

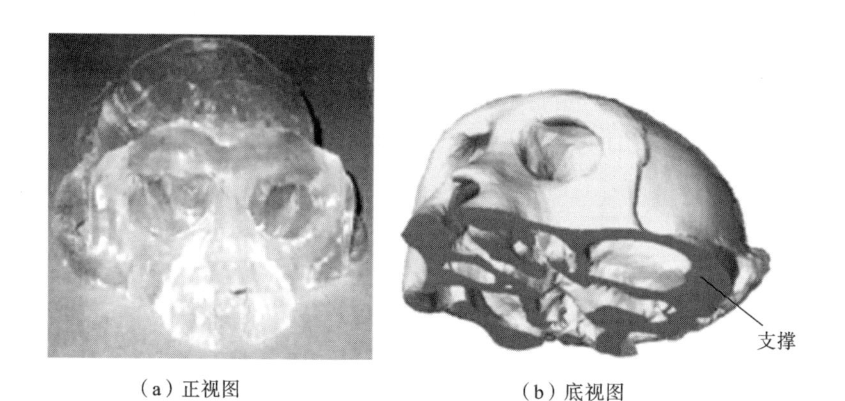

（a）正视图　（b）底视图

图 11-38 SLA 打印的猴子头骨模型示例 2

11.6.3 肾脏器官模型打印

打印的肾脏器官模型如图 11-39 所示。

11.6.4 肝脏器官模型打印

打印的肝脏器官模型可用于肝脏手术前的手术分析。图 11-40 所示为肝脏

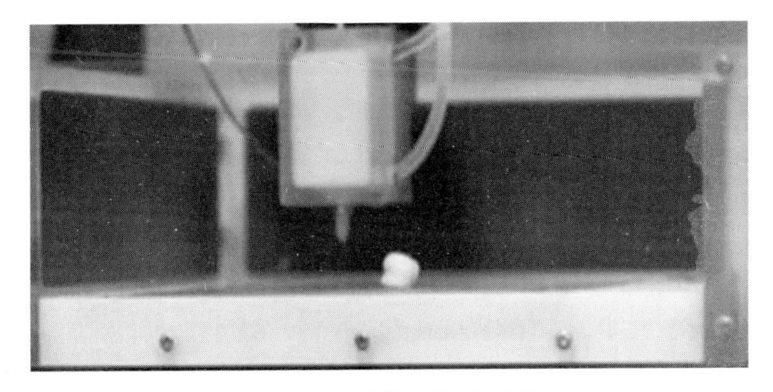

（a）肾脏器官模型的打印过程

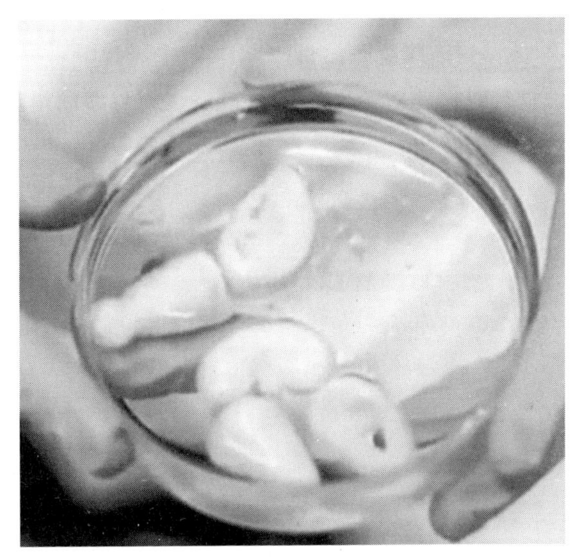

（b）肾脏器官模型

图 11-39 打印的肾脏器官模型

器官模型的打印过程示意图。

11.6.5 胚胎模型打印

增材制造技术与超声波扫描技术结合，让医生能够给准父母打印出 1：1 的胚胎模型。将利用超声波取得的数据输入 3D 打印机就可制作出 3D 胚胎模型。父母可保存 3D 胚胎模型作为孩子的成长记录。图 11-41 所示为打印的胚胎模型。

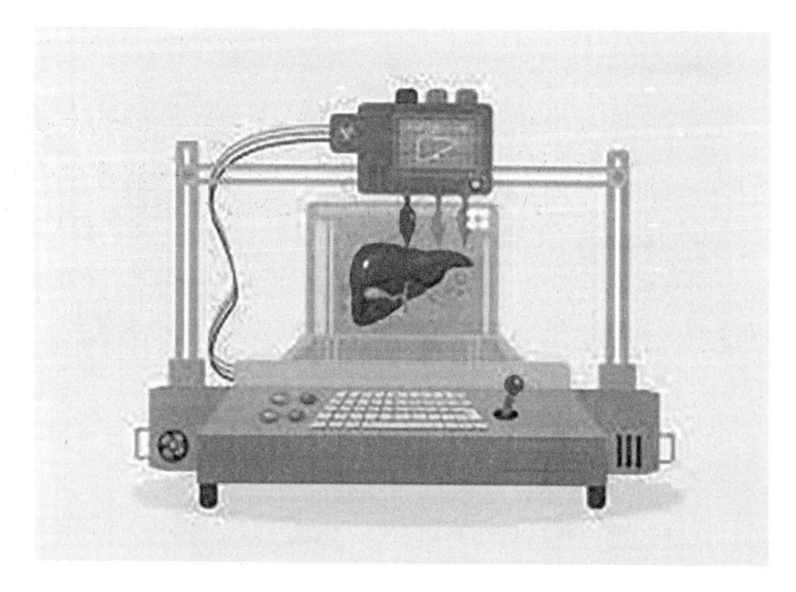

图 11-40　肝脏器官模型的打印过程示意图

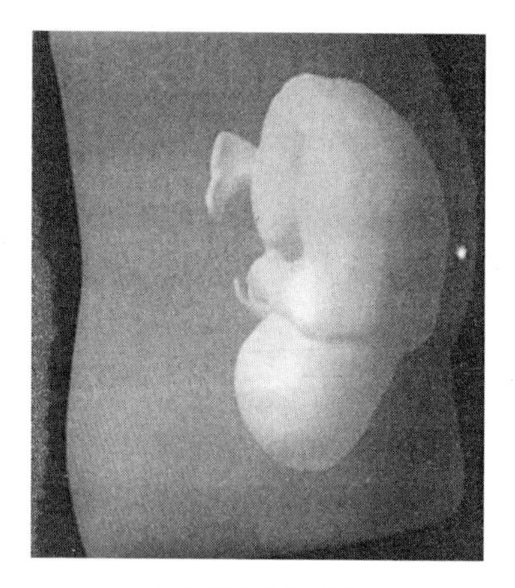

(a) 母体内的胚胎

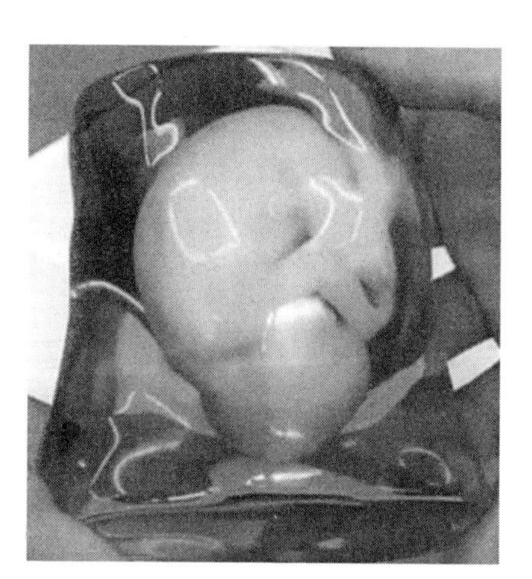

(b) 打印的胚胎

图 11-41　打印的胚胎模型

11.7　血管模型打印

大多数应用涉及根据 CT 数据制成的骨组织模型，而不是使用软组织结构。磁共振成像(MRI)数据常用于软组织成像，也用于复杂血管模型的病例建模。

血管模型的 3D 图像数据来源于 3D CT 和 3D MRI。数据交换采用 DICOM 格式标准。

图 11-42 所示为打印的血管模型，其中黑色部分是血管。

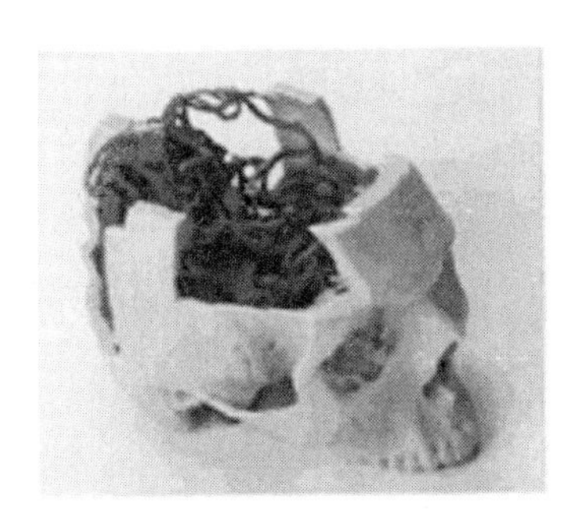
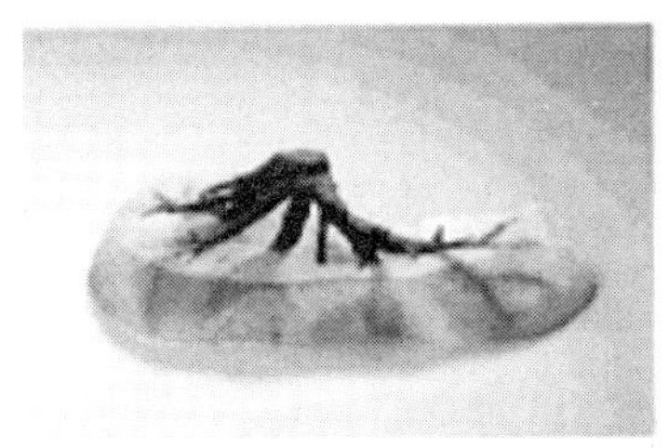

图 11-42 打印的血管模型

本章参考文献

[1] MURR L E, QUINONES S A, GAYTAN S M, et al. Microstructure and mechanical behavior of Ti-6Al-4V produced by rapid-layer manufacturing, for biomedical applications[J]. Journal of the Mechanical Behavior of Biomedical Materials, 2009, 2(1): 20-32.

[2] MURR L E, GAYTAN S M, RAMIREZ D A, et al. Metal fabrication by additive manufacturing using laser and electron beam melting technologies [J]. Journal of Materials Science & Technology, 2012, 28(1): 1-14.

[3] TUKURU N, KP S G, MANSOOR S, et al. Rapid prototype technique in medical field[J]. Research Journal of Pharmacy and Technology, 2008, 1 (4): 341-344.

[4] HIEU L C, ZLATOV N, SLOTEN J V, et al. Medical rapid prototyping applications and methods [J]. Assembly Automation, 2005, 25 (4): 284-292.

[5] ALIFUI-SEBAYA F, EVANS J, EGGBEER D, et al. Clinical relevance of laser-sintered CO-CR alloys for prosthodontic treatments: a review[C]// Proceedings of the 1st International Conference on Progress in Additive

Manufacturing. Singapore:Research Publishing Services,2014.

[6] TERAI H,SHIMAHARA M,SAKINAKA Y,et al. Accuracy of integration of dental casts in three-dimensional models[J]. Journal of Oral and Maxillofacial Surgery,1999,57(6):662-665.

[7] MARTORELLI M,GERBINO S,GIUDICE M,et al. A comparison between customized clear and removable orthodontic appliances manufactured using RP and CNC techniques[J]. Dental Materials,2013,29(2):e1-e10.

[8] NOORT R V. The future of dental devices is digital[J]. Dental Materials, 2012,28(1):3-12.

[9] ZHANG L,MORSI Y,WANG Y Y,et al. Review scaffold design and stem cells for tooth regeneration[J]. Japanese Dental Science Review,2013,49(1):14-26.

[10] ZHOU H F,FAN Q. 3D reconstruction and SLM survey for dental implants[J]. Journal of Mechanics in Medicine and Biology, 2017, 17(3):1750084.

[11] ZHOU H F,OU Y X,HE Y H,et al. Data generation of layer slice in FDM manufacturing[J]. Advances in Engineering Research(AER), 2016,105:419-424.

[12] YAN H T,YANG T J,CHEN Y C. Tooth model reconstruction based upon data fusion for orthodontic treatment simulation[J]. Computers in Biology and Medicine,2014,48:8-16.

[13] CHEN J Y,ZHANG Z G,CHEN X S,et al. Design and manufacture of customized dental implants by using reverse engineering and selective laser melting technology[J]. The Journal of Prosthetic Dentistry,2014, 112(5):1088-1095.

[14] LEE S J,GALLUCCI G O. Digital vs. conventional implant impressions: efficiency outcomes[J]. Clinical Oral Implants Research,2013,24: 111-115.

[15] LIN W S,HARRIS B T,ZANDINEJAD A,et al. Use of digital data acquisition and CAD/CAM technology for the fabrication of a fixed complete dental prosthesis on dental implants[J]. The Journal of Prosthetic

Dentistry,2014,111(1):1-5.

[16] WANG K. The use of titanium for medical applications in the USA[J]. Materials Science and Engineering:A,1996,213(1-2):134 137.

[17] KANNAN M B,RAMAN R K S. In vitro degradation and mechanical integrity of calcium-containing magnesium alloys in modified-simulated body fluid[J]. Biomaterials,2008,29(15):2306-2314.

[18] HENCH L L,WILSON J. Surface-active biomaterials[J]. Science,1984,226(4675): 630-636.

[19] PETERSON L J, MCKINNEY R V, PENNÉL B M,et al. Clinical, radiographic, and histological evaluation of porous rooted cobalt-chromium alloy dental implants [J]. Journal of Dental Research, 1980, 59 (2): 99-108.

[20] COOK S D,KLAWITTER J J,WEINSTEIN A M. A model for the implant-bone interface characteristics of porous dental implants[J]. Journal of Dental Research,1982,61(8):1006-1009.

[21] BAHRAMI B,SHAHRBAF S,MIRZAKOUCHAKI B,et al. Effect of surface treatment on stress distribution in immediately loaded dental implants—a 3D finite element analysis[J]. Dental Materials,2014,30(4): e89-e97.

[22] LEE J H,FRIAS V,LEE K W,et al. Effect of implant size and shape on implant success rates: a literature review[J]. The Journal of Prosthetic Dentistry,2005,94(4):377-381.

[23] PROTOPAPADAKI M,MONACO E A JR, KIM H I,et al. Comparison of fracture resistance of pressable metal ceramic custom implant abutment with a commercially fabricated CAD/CAM zirconia implant abutment[J]. The Journal of Prosthetic Dentistry,2013,110(5):389-396.

[24] BERTOLINI M D M, KEMPEN J, LOURENCO E J V,et al. The use of CAD/CAM technology to fabricate a custom ceramic implant abutment: a clinical report[J]. The Journal of Prosthetic Dentistry,2014,111(5): 362-366.

[25] GAO B,WU J,ZHAO X H,et al. Fabricating titanium denture base plate by laser rapid forming[J]. Rapid Prototyping Journal,2009,15(2):133

-136.
[26] GIBSON I, ROSEN D, STUCKER B. Additive manufacturing technologies: 3D printing, rapid prototyping, and direct digital manufacturing [M]. 2nd ed. New York: Springer Science+Business Media, 2015.
[27] CHUA C K, LEONG K F, LIM C S. Rapid prototyping: principles and applications[M]. 2nd ed. Singapore: World Scientific Publishing Company, 2003.
[28] LUIS E, PAN H M, BASTOLA A K, et al. 3D printed silicone meniscus implants: influence of the 3D printing process on properties of silicone implants[J]. Polymers, 2020, 12(9): 2136.

第 12 章 生物组织结构的 3D 打印设备

12.1 概述

生物组织工程是将组织细胞与生物材料相结合，在体内或体外构建组织和器官，以修复、再生或改善损伤组织和器官的一门学科。

1993 年，乔·瓦坎蒂和罗伯特·兰格描述了组织工程的概念框架，其基本想法是在支架上完成组织工程任务。支架可用增材制造技术打印。

细胞组织工程技术的基本原理是将组织细胞或干细胞贴附在具有生物相容性的生物材料上，形成细胞与生物材料复合结构，将其植入体内或者体外特定环境中，在生物材料逐步降解的同时，细胞产生基质，形成新的具有特定形态结构及功能的相应组织。

在组织工程中，制造医疗植入物的最终目的是直接制造替代的身体部位。在植入物中被放入的物质是活细胞、蛋白质和其他有助于形成完整组织结构的物质。

但是传统的组织工程存在着以下缺陷。

(1) 工程化的组织和器官在形态、生物化学、力学和功能方面具有不确定性。

(2) 人体器官和组织由多种细胞和细胞外基质构成，构成较复杂，很难将不同物质同时放置在一个 3D 支架上。

(3) 无法直接且精确地在 3D 支架内定位不同细胞和细胞外基质。

(4) 受支架技术的空间分辨率的限制，细胞渗透到支架材料内部的速度很慢。

(5) 组织和器官内无血管，由于不能供应氧气与营养物质，组织和器官会坏死。传统的组织工程技术尚无法实现工程化生产人造组织和器官。

生物组织工程打印技术包括基于液滴的打印技术、基于挤压的打印技术和基于组织结构的支架打印技术。

Vladimir Mironov 等人在 2003 年发现，将胚胎动脉心管切割成独立的心管细胞环，并贴在一个管状的支架上，经细胞培养各心管细胞环将彼此连接融合。基于此实验，他们提出组织细胞打印的设想，即将细胞/基质打印堆积形成 3D 细胞体系，使其自行融合构造出组织器官。

组织细胞打印的主要优点有：

(1) 可以将不同的细胞或细胞外基质同时放置在 3D 支架上；

(2) 通过计算机控制可以将细胞和细胞外基质定位于 3D 支架内；

(3) 解决组织结构中血管化的难题，最后打印出完整的器官用于移植；

(4) 能在较短的时间内聚集得到相应的组织功能单元体。

该技术借助于发育生物学的原理，假定细胞簇在 3D 支架中的位置足够近，彼此独立的细胞就会自行扩散结合为一个完整的组织，这与胚胎干细胞通过融合过程发育成组织的原理一致。在细胞打印的过程中，细胞或细胞聚集体、细胞外基质与溶胶组成生物墨水，置于打印机的喷头中，由计算机控制含细胞液滴的沉积位置，在设计的位置逐点打印，按照预先设定的结构将细胞和可降解的生物材料层层堆积形成 3D 多细胞体系。

组织细胞打印机包括两大系统，即点胶系统与坐标运动系统，分别如图 12-1和图 12-2 所示。点胶系统将细胞、营养物和水凝胶的混合液喷射到工作平台上。坐标运动系统通过坐标运动将喷射到工作平台上的混合液堆积成组织或器官。该坐标运动系统是采用并联机构设计的工作系统。

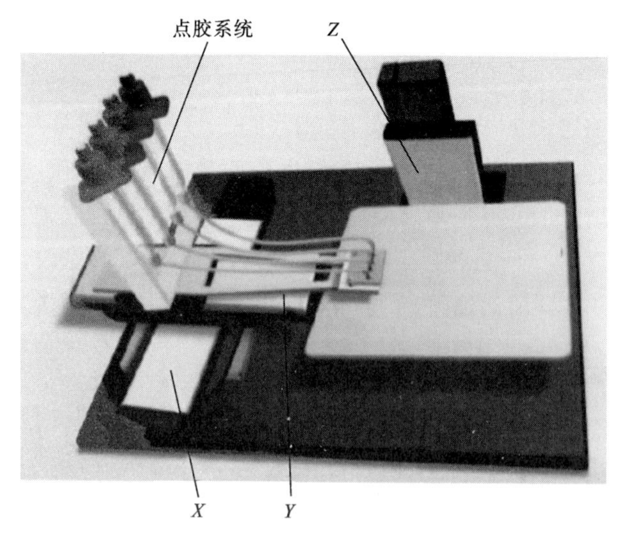

图 12-1　组织细胞打印机的点胶系统

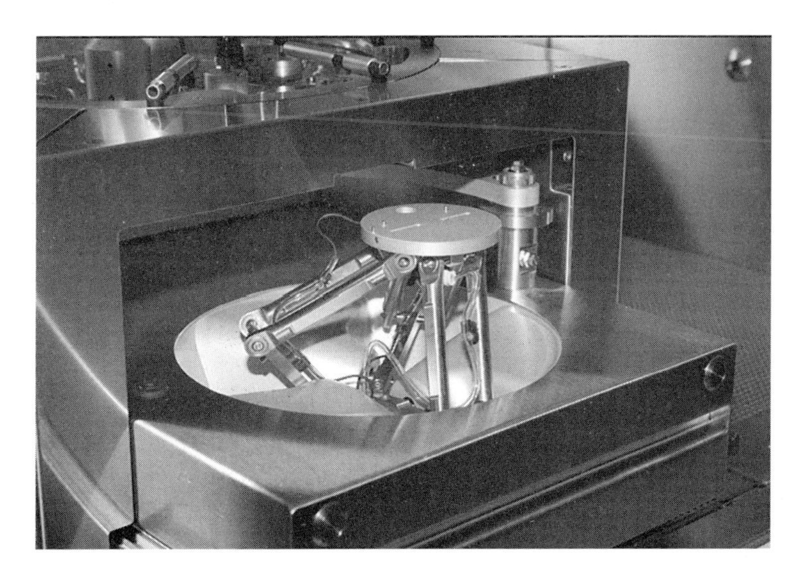

图12-2 组织细胞打印机的坐标运动系统

12.2 组织结构打印的工艺过程

组织结构打印的工艺过程如图12-3所示。

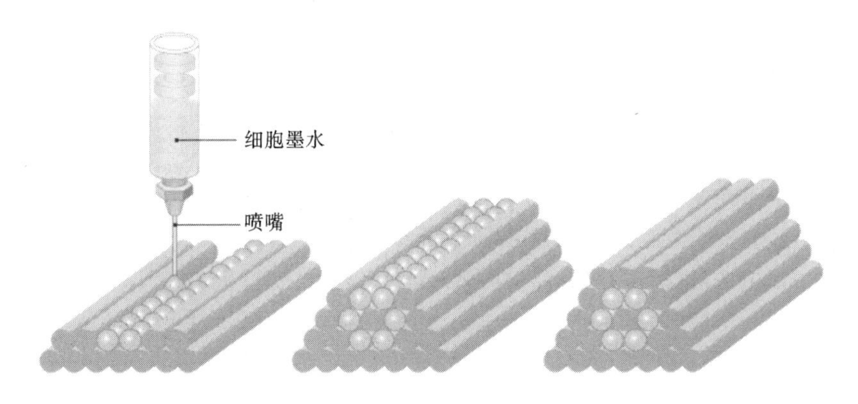

图12-3 组织结构打印的工艺过程

(1) 构建3D模型。在CAD造型系统中完成组织或器官原型的设计,或者对组织或器官实体进行计算机断层扫描或磁共振成像,得到点云数据,再用软件重构3D模型。

(2) 体外提取培养细胞。经过培养繁殖得到足够数量的细胞,与其他生物材料一起准备用于下一步的组织结构打印。

(3) 堆积成型加工。根据CAD设计模型数据,在计算机的控制下,增材制造系统中的喷头在三维空间内按设计的轨迹精确地移动,喷射细胞组织或者细胞/基质,将其堆积成为一个立体结构。

(4) 后处理过程。对打印的生物学组织进行培养,并提供一定的生物学条件使其进一步成熟,得到一个形态和功能都类似于天然组织或器官的人造组织或器官。

12.3 组织结构的打印设备

在生物组织工程中,基于液滴的打印技术能够用于精确定位液体材料的数量,而基于挤压的打印技术适用于打印软组织支架,如具有多细胞软组织结构的肝脏、肾脏,甚至心脏。

细胞打印方法包括热泡式喷墨打印、压电式喷墨打印、细胞激光或紫外激光照射打印、声控打印和活塞驱动注射器的打印。

图12-4所示为采用点胶系统的细胞打印方法。图12-5所示为喷墨液滴着落过程。

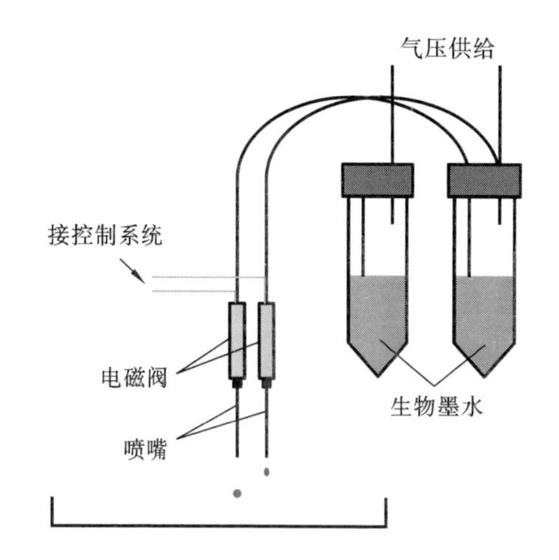

图12-4 采用点胶系统的细胞打印方法

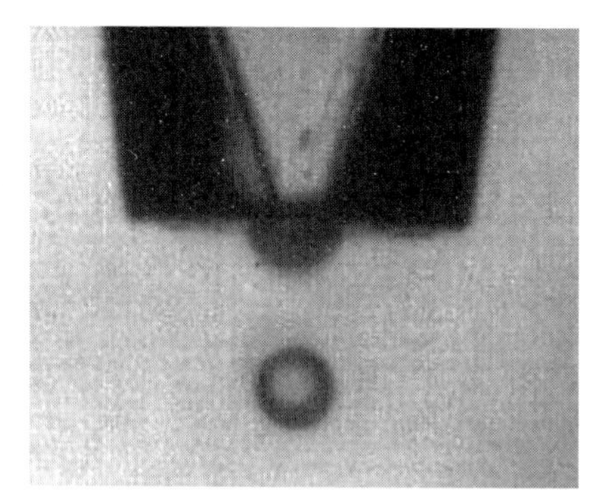

图12-5 喷墨液滴着落过程

12.3.1 热泡式喷墨打印设备

喷墨打印主要采用微热泡(thermal bubble)或压电(piezo-electric)驱动器喷射液滴实现细胞打印。喷墨打印机中的“墨水”是由细胞、细胞培养基或者凝胶前驱体溶液构成的混合体。热泡式喷墨打印的原理是利用热技术喷射液滴,在打印时,加热元件(如热电阻)迅速到达高温,使喷嘴处的墨水形成气泡,气泡就会产生压力,将一定量的墨水液滴(细胞悬浮液)挤出孔口,使液滴克服表面张力从孔口喷射出来,如图 12-6 所示。热泡式喷墨打印时,喷嘴的高温容易对细胞造成热损伤。图 12-7 所示为热泡式喷墨打印设备工作原理。

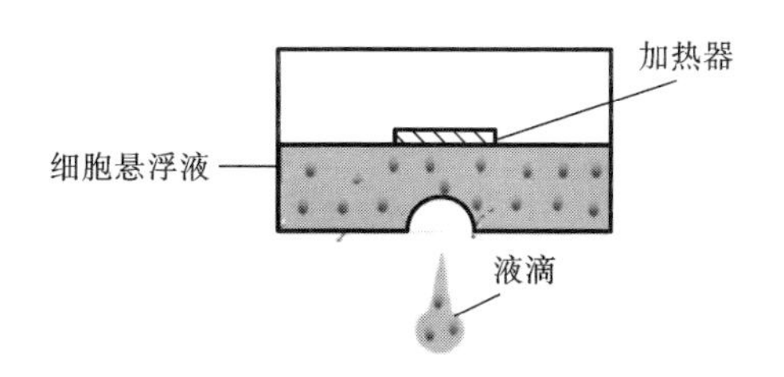

图 12-6 热泡式喷墨打印液滴形成示意图

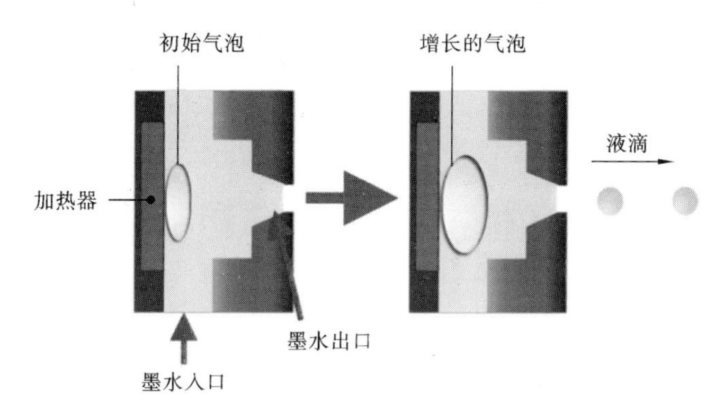

图 12-7 热泡式喷墨打印设备工作原理

12.3.2 压电式喷墨打印设备

压电式喷墨打印设备是基于压电陶瓷的逆压电效应而工作的。在电压信号控制下,压电陶瓷片受到垂直于其表面的电场作用,微微收缩或膨胀,发生变形。将多个压电陶瓷片并排放置在喷嘴附近,在一定的谐振频率电信号的驱动下,压电陶瓷片将发生振动并达到最大振幅,引起腔体的体积变化,从而导致腔

体内压力改变。压电陶瓷片压缩液体，把墨滴推出喷嘴。在墨滴飞离喷嘴的瞬间，压电陶瓷片又会收缩，将墨水从墨水液面吸入喷嘴，以填充推出的墨水，从而实现喷墨打印，如图 12-8 和图 12-9 所示。

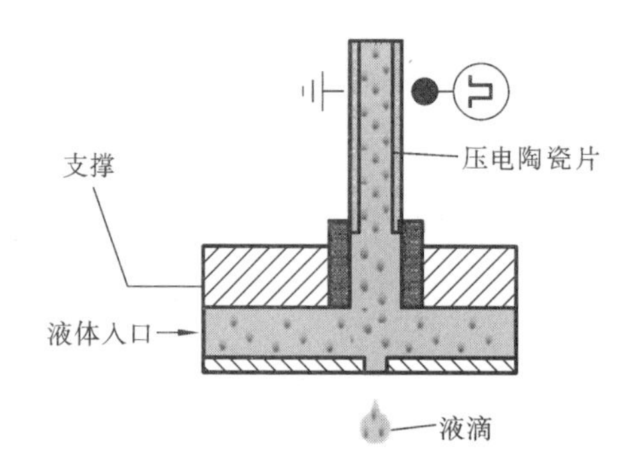

图 12-8　压电式喷墨打印液滴形成示意图

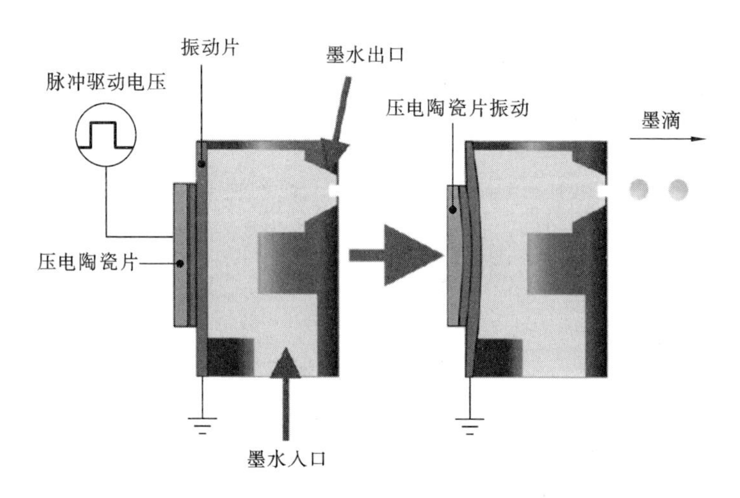

图 12-9　压电式喷墨打印设备工作原理

喷墨打印机可打印人类微血管内皮细胞、纤维组织母细胞、脂肪干细胞等组织细胞。喷墨打印由于具有生产力高和成本低的优点，成为常用的一种细胞打印的方式。但是其也具有局限性，当使用黏度高的“墨水”时，喷嘴容易堵塞，影响打印效果。

12.3.3　激光或紫外激光照射打印设备

激光或紫外激光照射打印设备是用激光或紫外激光照射细胞喷射室中的

激光吸收层，光能转换为热能，细胞混合液汽化形成气泡，气泡挤压细胞液滴，细胞液滴从细胞喷射室的底部喷出，从而实现细胞打印，如图 12-10 所示。细胞喷射室的上层板是光学透明的玻璃板或石英板，其下表面涂有很薄的紫外线吸收层，厚度一般为 10～100 nm，通常为金属氧化层。

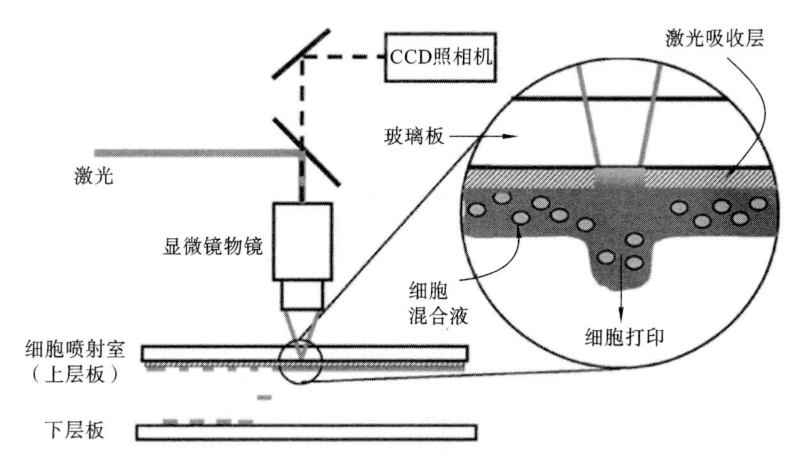

图 12-10　激光或紫外激光照射打印液滴形成示意图

注：CCD—电荷耦合器件。

细胞喷射室中间是细胞混合液或细胞培养基。打印机将一定能量的激光脉冲或紫外激光聚焦到细胞喷射室的上层板上，金属氧化层会吸收激光或紫外激光的能量，将很小体积的细胞混合液从细胞喷射室的小孔中喷出。

图 12-11 所示为激光或紫外激光照射打印实验装置。图 12-12 所示为 Bio-Factory 的组织结构打印设备。

该打印技术还存在着一些问题。

(1) 高温损伤细胞。该技术通过激光或紫外激光产生局部高温，使细胞混合液汽化并产生气泡从而喷射出细胞液滴，接近加热板的细胞由于高温会受到热损伤。

(2) 压力损伤细胞。该技术的喷射速度高，液滴喷射时细胞承受的压力较大，因此细胞易受损。

12.3.4　表面波声控打印设备

表面波声控细胞打印采用表面声波控制。在压电材料基板上排列着组成二维阵列的表面波发生器，每个表面波发生器设计成圆形，在正弦电压的控制

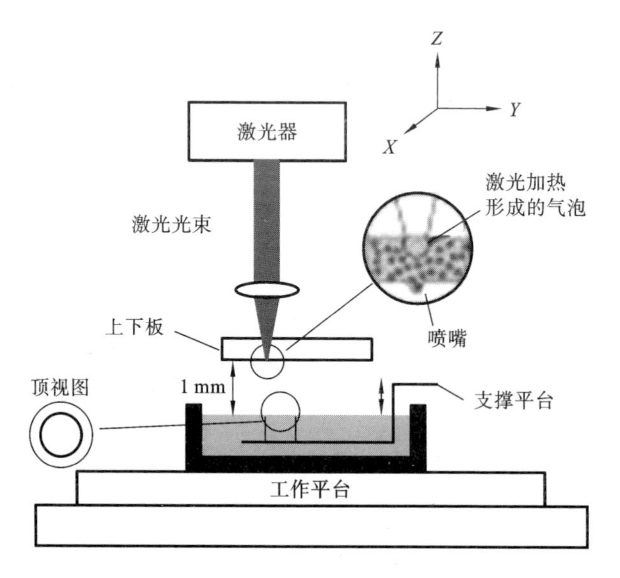

图 12-11　激光或紫外激光照射打印实验装置

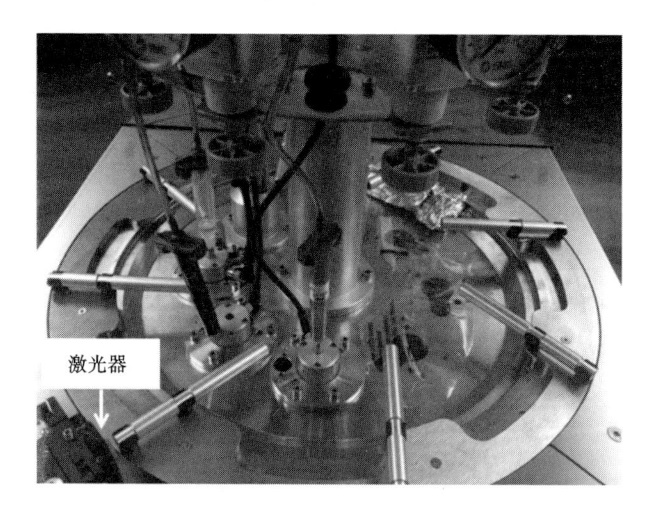

图 12-12　Bio-Factory **的组织结构打印设备**

下发射表面波。由于挤出效应，能量在竖直方向传播，并在细胞混合液表面形成焦点。当焦点处的声压超过液体表面张力时，液滴在接口处喷出，实现表面波控制打印。液滴的初速度和直径与传感器的尺寸和加载于传感器的能量(声波频率)有关，如图 12-13 所示。

Demirci 等人运用表面波声控打印技术打印了多种生物材料的单细胞液

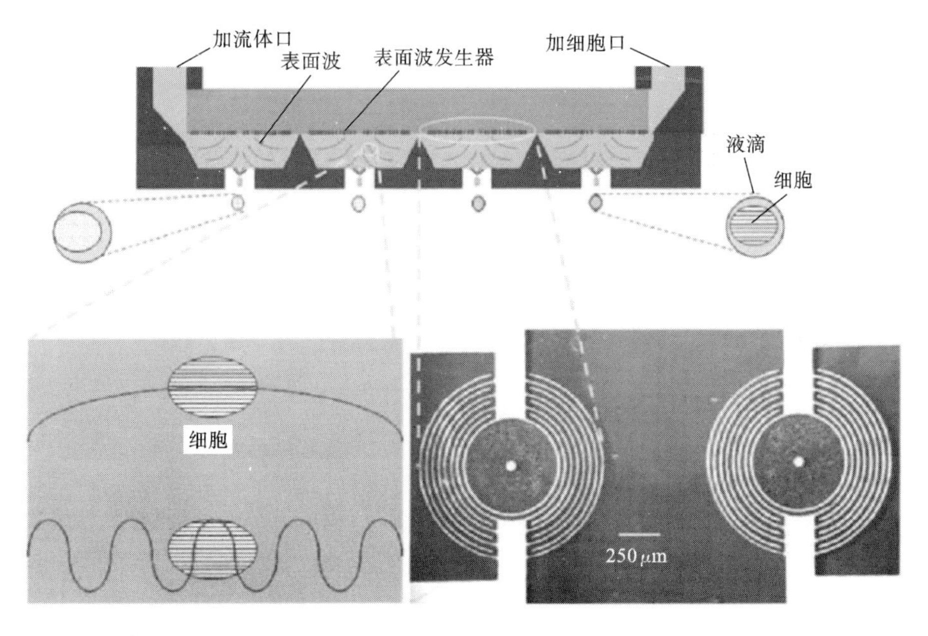

图 12-13 表面波声控打印设备工作原理

滴,包括水凝胶、成纤维细胞、肝细胞等。打印微粒的直径约为 37 μm,打印的频率为每秒 1～10000 滴液滴。实验结果表明,对于大多数种类的细胞来说,打印细胞的存活率都高于 89.9%。采用该打印技术实现活性细胞打印的优势有:

(1) 含有细胞的液滴存放在无喷嘴的开放池,液滴的大小和喷射速度都不受喷孔几何形状的影响,无细胞堵塞问题;

(2) 在喷射过程中细胞液滴不会因高温和高压而受到损伤。

12.3.5 活塞驱动的细胞墨水的控制打印设备

活塞驱动的细胞墨水的控制打印包括气动压力控制打印和注射泵墨水打印。气动压力控制打印是指用气动压力控制注射器的活塞运动,从而控制细胞墨水的输出,如图 12-14 所示。注射泵墨水打印是指用泵控制墨水的输出。

注射泵墨水点胶系统如图 12-15 所示。

点胶机用活塞缸驱动如图 12-16 所示。

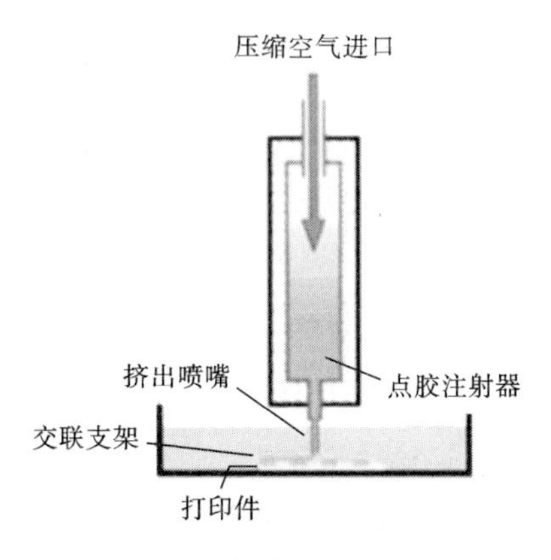

图 12-14　气动压力控制打印

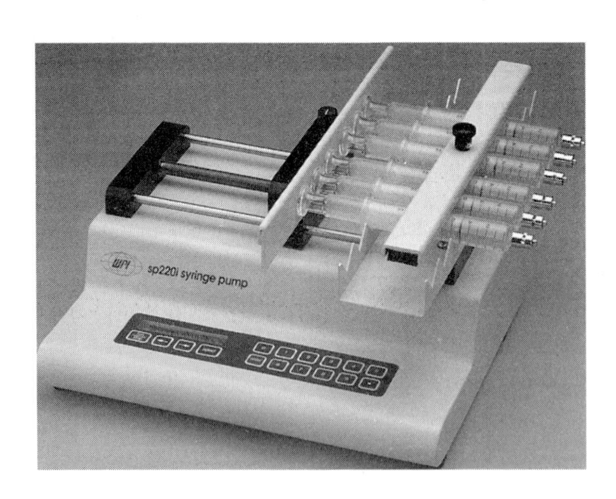

图 12-15　注射泵墨水点胶系统

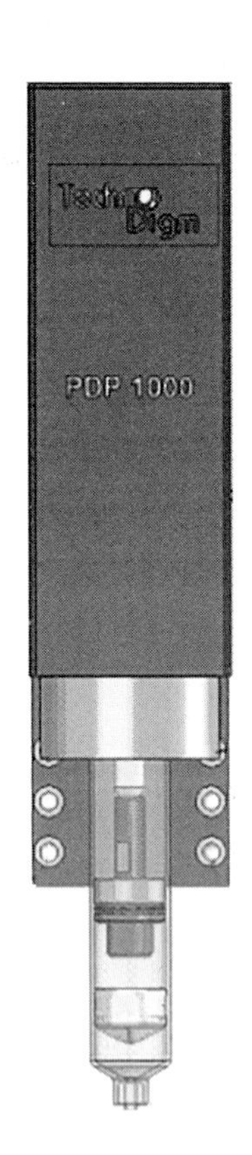

图 12-16　点胶机用活塞缸驱动

12.4 组织结构打印的应用

支架是生物组织工程的重要部分。可按组织工程的方法设计支架。组织工程用支架不仅可作为细胞培育的空间环境，还可作为组织结构的骨架，刺激细胞在该骨架周围聚集和增长。

支架要求具有多孔性，而用增材制造技术打印的多孔结构具有巨大优势。支架结构中的孔通常有几百微米宽，这种大小可以很好地引入细胞和使细胞生长。将打印的支架植入人体前要先培养细胞。

图 12-17 所示为耳软骨支架的打印实物。图 12-18 所示为耳软骨支架的打印过程。

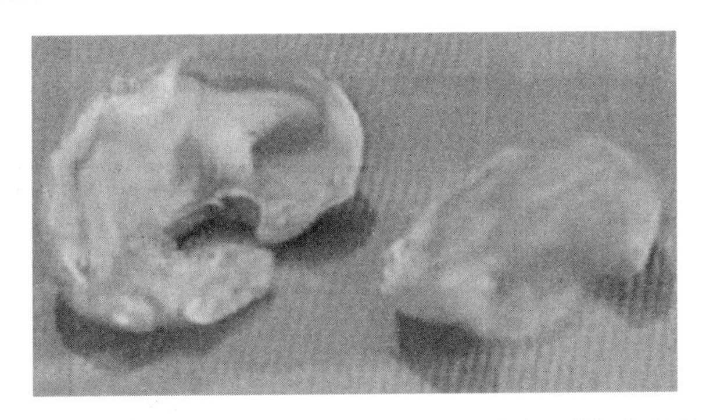
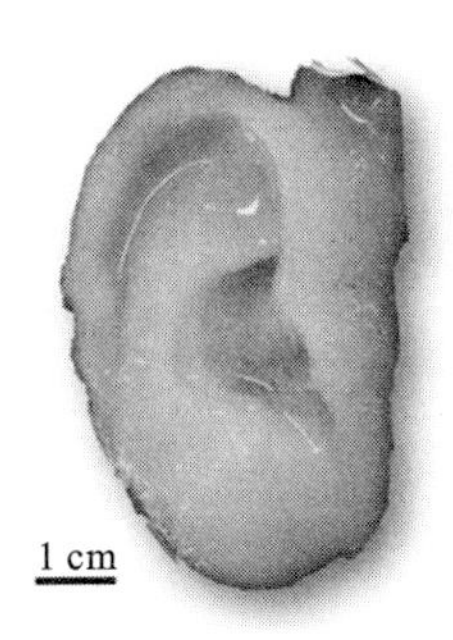

图 12-17　耳软骨支架的打印实物

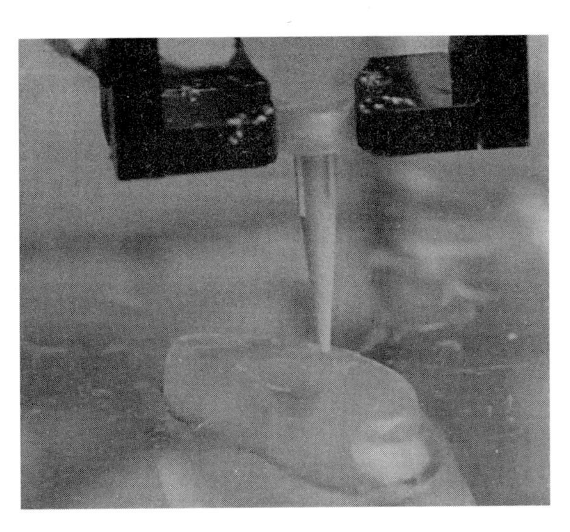

图 12-18　耳软骨支架的打印过程

图 12-19 所示为打印血管的充气试验。

图 12-19　打印血管的充气试验

图 12-20 所示为手指支架的打印实物。

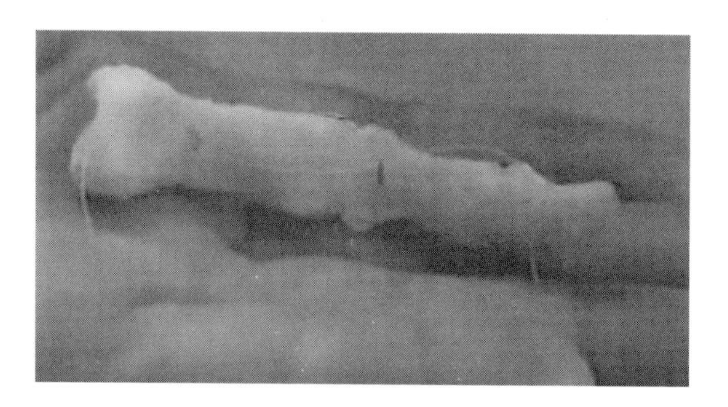

图 12-20　手指支架的打印实物

图 12-21 所示为皮肤的打印实物。

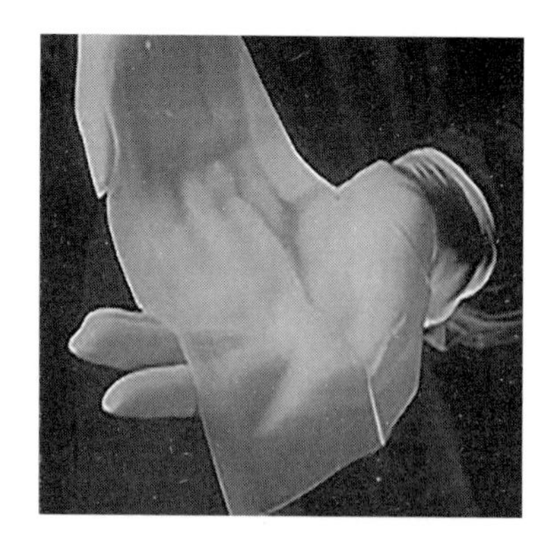

图 12-21　皮肤的打印实物

图 12-22 所示为组织细胞增长的支架的打印实物。

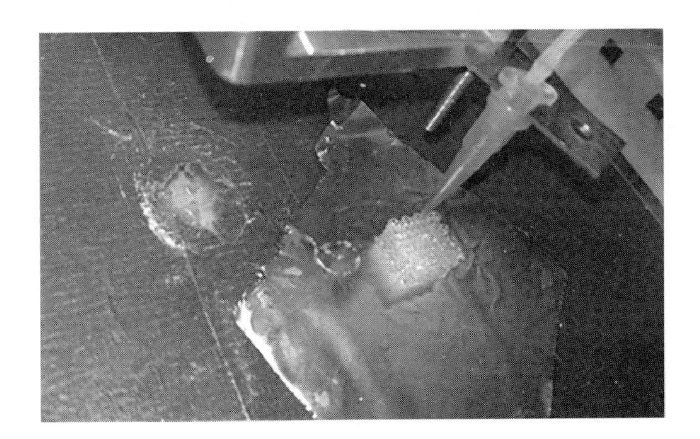

图 12-22　组织细胞增长的支架的打印实物

本章参考文献

[1] NIMESKERN L, ÁVILA H M, SUNDBERG J, et al. Mechanical evaluation of bacterial nanocellulose as an implant material for ear cartilage replacement[J]. Journal of the Mechanical Behavior of Biomedical Materials,2013,22: 12-21.

[2] KUCUKGUL C, OZLER B, KARAKAS H E,et al. 3D hybrid bioprinting of macrovascular structures[J]. Procedia Engineering, 2013, 59: 183-192.

[3] RINGEISEN B R, OTHON C M, BARRON J A, et al. Jet-based methods to print living cells[J]. Biotechnology Journal,2006,1(9):930-948.

[4] BARTOLO P, KRUTH J P, SILVA J, et al. Biomedical production of implants by additive electro-chemical and physical processes[J]. CIRP Annals, 2012,61(2): 635-655.

[5] DEMIRCI U, MONTESANO G. Single cell epitaxy by acoustic picolitre droplets[J]. Labona Chip,2007, 7: 1139-1145.

[6] FANG Y,FRAMPTON J P,RAGHAVAN S,et al. Rapid generation of multiplexed cell cocultures using acoustic droplet ejection followed by aqueous two-phase exclusion patterning[J]. Tissue Engineering Part C:

Methods,2012,18(9):647-657.

[7] TASOGLU S, DEMIRCI U. Bioprinting for stem cell research[J]. Trends in Biotechnology, 2013, 31(1):10-19.

[8] NAHMIAS Y,SCHWARTZ R E,VERFAILLIE C M, et al. Laser-guided direct writing for three-dimensional tissue engineering[J]. Biotechnol Bioeng,2005,92(2):129-136.

[9] GUILLOTIN B,SOUQUET A,CATROS S,et al. Laser assisted bioprinting of engineered tissue with high cell density and microscale organization [J]. Biomaterials, 2010,31(28): 7250-7256.

[10] MIRONOV V, BOLAND T, TRUSK T, et al. Organ printing: computer-aided jet-based 3D tissue engineering[J]. Trends in Biotechnology, 2003, 21(4):157-161.

[11] BOLAND T, MIRONOV V, GUTOWSKA A, et al. Cell and organ printing 2: fusion of cell aggregates in three-dimensional gels[J]. The Anatomical Record Part A, 2003, 272A:497-502.

[12] MIRONOV V. Printing technology to produce living tissue[J]. Expert Opinion on Biological Therapy, 2003, 3(5):701-704.

[13] ONG L J Y, ISLAM A, DASGUPTA R, et al. A 3D printed microfluidic perfusion device for multicellular spheroid cultures[J]. Biofabrication, 2017, 9(4):045005.

[14] WANG X H, AO Q, TIAN X H, et al. 3D bioprinting technologies for hard tissue and organ engineering[J]. Materials, 2016, 9(10):802.

[15] LEE J S, KIM B S, SEO D H, et al. 3D cell-printing of large-volume tissues: application to ear regeneration[J]. Tissue Engineering Part C: Methods, 2017, 23(3):136-145.

[16] GIBSON I,ROSEN D,STUCKER B. Additive manufacturing technologies: 3D printing, rapid prototyping, and direct digital manufacturing [M]. 2nd ed. New York:Springer Science+Business Media,2015.

[17] CHUA C K,LEONG K F,LIM C S. Rapid prototyping: principles and applications[M]. 2nd ed. Singapore:World Scientific Publishing Company, 2003.

[18] LANGER R, VACANTI J P. Tissue engineering[J]. Science, 1993,

260(5110):920-926.

[19] BARTOLO P,KRUTH J P,SILVA J,et al. Biomedical production of implants by additive electro-chemical and physical processes[J]. CIRP Annals, 2012, 61(2):635-655.

[20] ALMEIDA H A,BÁRTOLO P J. Numerical calculations in tissue engineering[C]//Proceedings of the 1st International Conference on Progress in Additive Manufacturing. Singapore:Research Publishing Services, 2014.